Besser konzentrieren

Fokussiert arbeiten in Zeiten von Smartphone und Großraumbüro

Gabriele Mühlbauer

1. Auflage

Inhalt

Konzentration, bitte – und zwar sofort — 5
- Das Phänomen Konzentration — 6
- Die Kommandozentrale der Aufmerksamkeit: das Gehirn — 15
- Flow – das Geheimnis höchster Konzentration? — 19
- Achtsamkeit: Konzentration auf das Hier und Jetzt — 23

Wie fokussiertes Arbeiten gelingt — 25
- Machen Sie innere Saboteure unschädlich — 26
- Nutzen Sie die Triebfeder Motivation — 31
- Das Beste aus Versagensängsten machen — 34
- Aufschieberitis überwinden — 41
- Vergessen Sie Multitasking — 48
- Gut umgehen mit Störungen von außen — 50
- Den richtigen Zeitpunkt für eine Aufgabe finden — 60
- Wo es sich am besten arbeiten lässt — 66
- Gedanken sortieren mit der Disney-Strategie — 67
- Konzentration fördern mit Musik – geht das? — 70

Power-Nahrung, Pillen und Co. — 73
- Konzentrations-Food — 74
- Natürliche Nahrungsergänzungsmittel — 79
- Brain Booster – Konzentrationsdoping mit Pillen? — 86

Fitnesstraining für eine bessere Konzentration — 89
- Konzentrationsübungen — 90
- Achtsamkeitsübungen — 108
- Entspannungsübungen — 113
- Raus aus der Gedankenspirale: Übungen — 121
- Neue Energie: Aktivierungsübungen — 123

- Stichwortverzeichnis — 125

Vorwort

Wir alle kennen das: Es gibt etwas Wichtiges zu erledigen, der Endtermin dafür rückt immer näher – und trotzdem schweifen unsere Gedanken ständig ab oder wir haben ein dickes Brett vorm Kopf, das den Zugang zu jeder vernünftigen Überlegung versperrt. Alles, was wir jetzt brauchen, ist Konzentration, die sich aber einfach nicht einstellen will. Kein Wunder, denn im Alltag lauern überall Ablenkungen: Der Kollege hat etwas Dringendes zu besprechen, das Smartphone klingelt oder meldet eine neue E-Mail oder WhatsApp-Nachricht.

Wie Sie sich Ihre Konzentration bewahren und sogar steigern können, zeige ich Ihnen in diesem TaschenGuide. Sie erfahren nicht nur, wie fokussiertes Arbeiten gelingt, sondern lernen das Geheimnis höchster Konzentration kennen.

Zahlreiche Übungen, die meine Klienten und ich allesamt selbst getestet und für gut befunden haben, unterstützen Sie dabei, sich künftig nicht mehr vom eigentlich Wichtigen ablenken zu lassen. Sie lernen einfache und höchst wirksame Strategien kennen, die Ihnen helfen, fokussiert und konzentriert zu arbeiten.

Viel Spaß beim Lesen und Umsetzen wünscht Ihnen

Gabriele Mühlbauer

Konzentration, bitte – und zwar sofort

Kaum war sie da, ist sie auch schon wieder weg. Konzentration ist wie ein scheues Reh: Sie bleibt am liebsten dort, wo sie ungestört ist.

In diesem Kapitel erfahren Sie u. a.,

- wer die Feinde der Konzentration sind,
- wo und wie genau sie entsteht,
- was das Geheimnis höchster Konzentration ist,
- warum sich achtsame Menschen besser fokussieren können.

Das Phänomen Konzentration

Es gibt Menschen, die sich voll und ganz auf eine Sache konzentrieren können. Sie lesen ein Buch, malen ein Bild, arbeiten am Computer, spielen Klavier und sind dabei so sehr darauf fokussiert, dass sie nicht ansprechbar sind, dass sie einen nicht hören, nicht einmal wahrnehmen. Eine solche Konzentrationsfähigkeit ist bewundernswert und wirklich sehr nützlich. Gerade dann, wenn man etwas Wichtiges durchzuarbeiten hat, sich auf eine Prüfung vorbereiten soll, mit dem Auto von Punkt A nach Punkt B fahren will oder Gäste erwartet und ein leckeres Drei-Gänge-Menü zaubern möchte.

Konzentration spielt in fast allen Situationen unseres Lebens eine Rolle. Wir brauchen sie dringend – sowohl im Privatleben als auch im Job. Manchmal gelingt es uns aber nicht, die notwendige Konzentration für eine Sache aufzubringen. In anderen Situationen wiederum funktioniert es prima, uns zu konzentrieren.

BEISPIELE: HÖCHSTE KONZENTRATION

> Helmut hat Lust auf den leckeren Bergbauernkäse. Im Supermarkt blickt er nicht nach links und rechts, sondern steuert geradewegs an allen Regalen vorbei zu seinem Ziel, der Käsetheke.
>
> Susanne plant, für die netten Kollegen einen Kuchen zu backen. Von der Beschaffung der Zutaten bis zur Verzierung des fertigen Kuchens steuert sie ihre Aufmerksamkeit durch den durchaus komplexen Prozess, ohne sich ablenken zu lassen.
>
> Karin hat sich vorgenommen, ihre Steuererklärung endlich zu machen. Zu wissen, dass sie dann recht bald vom Finanzamt eine schöne Rückzahlung bekommt, hält sie einen ganzen Nachmittag und einen Abend an dieser ungeliebten Tätigkeit.

> Franz hat beschlossen, Spanisch zu erlernen. Er freut sich schon auf seinen nächsten Urlaub an der Costa del Sol, in dem er sich dann endlich in der Landessprache verständigen kann. Um das zu schaffen, paukt er abends nach seiner Arbeit Vokabeln und Grammatik.
>
> Ulrike ist mit ihrem Auto von Chemnitz nach München unterwegs. In der bayerischen Landeshauptstadt angekommen, wundert sie sich, wie schnell das doch ging (diesen Zustand nennt man übrigens »Autobahn-Trance«).
>
> Xaver arbeitet an einer sehr spannenden Aufgabe und vergisst alles um sich herum. Irgendwann schaut er auf die Uhr und ist ganz erstaunt, dass es schon 16.00 Uhr ist. Die Zeit ist wie im Flug vergangen. Xaver war im sogenannten Flow (dazu später mehr).

Haben Sie bemerkt, wie viel Motivation in all diesen Beispielen steckt? Sie resultiert aus Genuss, Freude und Spaß, Gewinn, Zielerreichung. Und genau das sind die Faktoren, die so hilfreich sind, um ein Konzentrationslevel hochzuhalten.

Aufmerksamkeit und Konzentration – beides wichtig, aber nicht das gleiche

Ein Teil unserer Aufmerksamkeitszuwendung läuft ganz automatisch und auf der unterbewussten Ebene ab. Je mehr Routine wir bei unseren Aufgaben haben, desto automatisierter können wir sie erledigen. Sind Sie ein geübter Autofahrer, werden Sie das bestätigen können: Sie schalten, lenken und bremsen so vor sich hin, ohne dass es Sie groß Konzentration kostet. Sie können nebenher Radio hören und sich mit dem Beifahrer unterhalten.

Wenn man sich nun aber willentlich und ganz bewusst auf eine einzige Sache fokussiert, dann spricht man vom Zustand der

Konzentration. Man hat den Entschluss gefasst, sich dieser bestimmten Aufgabe ganz zu widmen. Währenddessen sind alle Gedanken und äußeren Reize, die nichts mit der Aufgabe zu tun haben, ausgeblendet. All unsere Energie stecken wir in diese eine Aufgabe. So kann man effektiver arbeiten und bessere Ergebnisse erzielen. Oft scheint in einem solchen Zustand die Zeit stillzustehen oder wir verlieren komplett das Zeitgefühl.

Aufmerksamkeit und Konzentration sind also nicht das gleiche. Bin ich aufmerksam, heißt das, dass ich etwas wahrnehme, dass etwas in meinen Fokus rückt. Konzentration geht meines Erachtens einen Schritt weiter: Sind wir konzentriert, wenden wir ganz bewusst und absichtsvoll Aktionsmuster an. Aber: Ohne Aufmerksamkeit keine Konzentration.

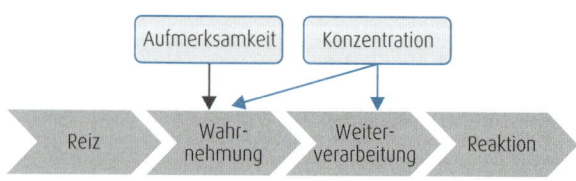

Aufmerksamkeit und Konzentration

Aufmerksamkeit und Konzentration haben viele Vorteile:

- Die Leistung und Effizienz wird gesteigert.
- Wir können Aufgaben in einer viel kürzeren Zeit erledigen.
- Sorgen und Probleme treten in den Hintergrund. Sie verblassen und kommen erst dann wieder zum Vorschein, wenn die Konzentrationsphase vorbei ist.

BEISPIEL

> Wenn Sie Tennis oder Badminton spielen, können Sie sich dann zugleich auf das letzte wichtige Meeting in der Firma konzentrieren? Wenn Sie einen Mannschaftssport betreiben – Volleyball, Fußball, Handball –, gelingt es Ihnen gleichzeitig auch über das zuletzt geführte Kritikgespräch nachzudenken? Wohl nicht! Und so ist das auch mit den Sorgen und Problemen. Man kann sich halt nicht auf zwei Dinge gleichzeitig richtig gut konzentrieren!

- Wir erreichen unsere Ziele leichter und schneller.
- Die Ausschüttung von Dopamin und Endorphinen in unserem Körper sorgt für Wohlgefühl, Freude und Spaß. Dopamin wird als Glückshormon bezeichnet und wird meist dann freigesetzt, wenn wir uns belohnen oder belohnt werden. Die Art und Weise der Belohnung kann vielseitiger Natur sein, es sind aber stets Dinge, die den Menschen glücklich machen. Dopamin wird insbesondere vermehrt bei Flow-Erlebnissen ausgeschüttet (siehe dazu näher das Kap. »Flow – das Geheimnis höchster Konzentration«) und führt zu noch besserer Wahrnehmungs- und Denkfähigkeit.

Die Feinde der Konzentration: Ablenkungen von innen und von außen

Konzentriertes Arbeiten ist meist mit einem Wohlgefühl verbunden: Wir haben Freude an der Tätigkeit an sich, wir haben Spaß daran, dass etwas vorangeht oder dass wir es sehr bald beendet haben. Sich voll und ganz einer Aufgabe zuzuwenden, die einem Freude bereitet, ist nicht schwer. Denn in solchen Fällen ist die Motivation ganz automatisch da.

Doch leider gibt es auch einen anderen Zustand. Man muss sich dieser einen ganz bestimmten Aufgabe widmen und ist auch fest dazu entschlossen, aber es gelingt einfach nicht! Laufend schwirren uns ablenkende Gedanken durch den Kopf, ständig rückt etwas anderes in unseren Fokus, was mit der Aufgabe an sich nichts zu tun hat. Kurz: Wir sind unkonzentriert.

Das passiert sehr, sehr häufig und hat verschiedene Ursachen. So werden wir immer wieder gestört, beispielsweise durch neue Nachrichten via E-Mail, Smartphone oder durch neue Posts in sozialen Netzwerken oder die ständige Informationsflut im Internet. Wir zappen und daddeln, haben keine Lust auf die Aufgabe oder verlieren uns im Multitasking. Dazu später noch mehr!

Experten unterscheiden übrigens zwischen externer und interner Ablenkbarkeit.

- Externe Ablenkungen sind Störreize, die von außen auf uns eindringen, also beispielsweise Störungen durch Kollegen, das klingelnde Telefon, eingehende E-Mails. Aber auch Lärm, Musik und das Lärmen oder Lachen anderer gehören dazu. »Sei ruhig, ich kann mich nicht konzentrieren!«, lautet denn auch ein ganz typischer Satz, den wohl jeder von uns schon mal gesagt hat.

- Interne Ablenkungen sind Störreize, die aus uns selbst kommen, wie zum Beispiel das Grübeln über Geschehenes und das, was eventuell sein wird, unser Kopfkino und unsere Gedankensprünge.

Zu den unentbehrlichen Faktoren für hervorragende Leistungen und Erfolg im Leben gehört die Fähigkeit, sich nicht von diesen Reizen ablenken zu lassen, sondern Aufmerksamkeit aufzubauen und sich auf das, was im Moment wichtig ist, konzentrieren zu können. Wer das nicht kann, schafft es nicht, seine eigentliche Leistungsfähigkeit wirksam umzusetzen – auch wenn er noch so talentiert in einer Sache ist. Ohne ausreichende Konzentration bleiben die Ergebnisse unserer Arbeit weit hinter den vorhandenen Möglichkeiten zurück.

Ersetzt fehlende Motivation: Willenskraft

Wenn Sie eine Aufgabe vor sich haben, für die Sie nicht motiviert sind, dann brauchen Sie Willenskraft: Willenskraft, sich nicht ablenken zu lassen – Willenskraft, es einfach zu tun. Der Willenskraftforscher Roy Baumeister (»Die Macht der Disziplin«, 2012) nennt vier Bereiche, in denen diese Kraft eine Rolle spielt.

- Die Kontrolle der eigenen Gedanken: Kontrolle in diesem Sinne heißt, immer dann einen Gedankenstopp einzulegen, wenn Ihre Gedanken Sie im Tun hindern oder blockieren oder wenn sabotierende Sätze im Kopf auftauchen, wie zum Beispiel: »Ach, ich hab jetzt keine Lust mehr!«, oder: »Morgen ist doch auch noch ein Tag.«
- Kontrolle der Impulse: Impulskontrolle übt man dann aus, wenn man einem Trieb oder einer Lust, die man gerade verspürt, nicht nachgibt, so beispielsweise trotz Neugier nicht den E-Mail-Account checkt oder darauf verzichtet, »nur mal

kurz« in Facebook und Co. zu schauen, oder nicht gleich das Smartphone in die Hand nimmt, wenn man hört, dass eine neue Nachricht via WhatsApp angekommen ist.

- Regulation der Affekte: Manchmal haben wir Lust alles hinzuwerfen, aber wir tun es nicht. Manchmal möchten wir dem Chef oder Auftraggeber zurufen: »Mach deinen Mist doch alleine!«, aber wir tun es nicht. Genau das ist Affektregulation. Als Mensch ist man im Gegensatz zu Tieren in der Lage dazu. Glücklicherweise, denn würden wir all das zeigen oder sagen, was wir fühlen, wenn wir uns ärgern oder aufregen, dann hätte das ziemlich negative Konsequenzen.
- Kontrolle der Leistung: Bringen wir ein begonnenes Projekt zu Ende, obwohl wir dazu eigentlich überhaupt keine Lust mehr haben, steht dahinter Willenskraft, die aus der Kontrolle der Leistung resultiert.

Untersuchungen haben ergeben, dass unsere Willenskraft vier Stunden eines jeden Tages damit beschäftigt ist, manche Dinge NICHT zu tun.

Zu viel Konzentration ist auch nicht gut

Wie so oft im Leben, gilt auch, wenn es um Konzentration geht, der Grundsatz: Zu viel davon ist auch nicht gut. Denn wenn wir immer uneingeschränkt konzentriert wären, könnte das nicht nur zu Erschöpfungszuständen, sondern langfristig durchaus auch zu einem geistigen Zusammenbruch führen. Denn Konzentration ist mit Anspannung verbunden (Näheres dazu im nächsten Kapitel). Wir erbringen, wenn wir uns konzentrieren, geistige Höchstleistung. Und wer viel leistet, muss sich hin und wieder regenerieren.

Demnach ist geistiges Herumschweifen manchmal gar nicht so schlecht. Es entspannt uns. Sich auf spontane Gedanken einzulassen, fördert zudem eine Art von intuitiver Klugheit.

Es ist also ganz sinnvoll, den Wechsel zwischen Spannung und Entspannung, zwischen Konzentration und Zerstreuung, zielgerichtet einzusetzen. Das wusste schon der Apostel Johannes, wie die folgende Geschichte zeigt:

Es heißt, dass der alte Apostel Johannes gern mit seinem zahmen Rebhuhn spielte. Eines Tages kam ein Jäger zu ihm. Verwundert sah er, dass ein so angesehener Mann wie Johannes einfach spielte. Konnte der Apostel seine Zeit nicht mit viel Wichtigerem als mit einem Rebhuhn verbringen? So fragte er Johannes: »Warum vertust du deine Zeit mit Spielen? Warum wendest du deine Aufmerksamkeit einem nutzlosen Tier zu?« Verwundert blickte Johannes auf. Er konnte gar nicht verstehen, warum er nicht mit dem Rebhuhn spielen sollte. Und so sprach er: »Weshalb ist der Bogen in deiner Hand nicht gespannt?« Der Jäger antwortete: »Das darf nicht sein. Ein Bogen verlöre seine Spannkraft, wenn er immer gespannt wäre. Er hätte dann, wenn ich einen Pfeil abschießen wollte, keine Kraft mehr. Und so würde ich natürlich das anvisierte Ziel nicht treffen können.« Johannes sagte daraufhin: »Siehst du, so wie du deinen Bogen immer wieder entspannst, so müssen wir alle uns immer wieder entspannen und erholen. Wenn ich mich nicht entspannen würde, indem ich zum Beispiel einfach ein wenig mit diesem scheinbar so nutzlosen Tier spielte, dann hätte ich bald keine Kraft mehr, all das zu tun, was notwendig ist. Nur so kann ich meine Ziele erreichen und das tun, was wirklich wichtig ist.«

Nun muss es kein Rebhuhn sein, um entspannen zu können. Es gibt auch andere Möglichkeiten, eine Balance zwischen Konzentration und Gedankenpausen zu finden.

BEISPIEL: DER MODELLHUBSCHRAUBER

> Ein guter Freund von mir hat vor einer Weile neben seiner Berufstätigkeit noch ein Zweitstudium absolviert. Ich ziehe den Hut vor all den Menschen, die so etwas tun, denn das ist wirklich richtig anstrengend. Die Kraft in den Beruf und dann nach Feierabend noch die volle Energie in das Studium zu lenken, erfordert Ausdauer und Konzentration. Manchmal sah ich, wie er sich abquälte, weil er nicht so vorankam, wie er sich das vorstellte. Deswegen schenkte ich ihm zur Ablenkung und Regeneration einen kleinen Modellhubschrauber.
>
> Immer wenn er sich ausgelaugt fühlte oder seine Gedanken sich im Kreis drehten, oder er merkte, dass das, was er lernte, wie Rauch verpuffte und sich nicht in seinem Gehirn festsetzen wollte, nahm er den kleinen Hubschrauber und ließ in zehn Minuten fliegen. Modellhubschrauber fliegen zu lassen, ist gar nicht so einfach. Hierbei werden beide Gehirnhälften gefordert. Meinem Freund jedenfalls haben diese kleinen Flug-Pausen immer sehr gutgetan. Er hatte danach wieder so richtig viel Energie, seine Kreativität hat sich gesteigert und er konnte sich danach wieder sehr gut auf sein Lernpensum konzentrieren.

Die Kommandozentrale der Aufmerksamkeit: das Gehirn

Zu Beginn dieses Kapitels habe ich eine Bitte an Sie: Gähnen Sie doch bitte mal! Ja, Sie haben richtig gelesen: Gähnen Sie, und zwar so richtig herzhaft. … Herzlichen Glückwunsch! Sie haben gerade einen wichtigen Grundstein für Ihre Konzentrationsfähigkeit gelegt. Gähnen erhöht die Sauerstoffzufuhr im Gehirn und das verbessert unsere geistige Leistungsfähigkeit und damit unsere Konzentration schlagartig. Denn unser Gehirn braucht viel Sauerstoff, sogar sehr viel. Und ganz nebenbei ist Gähnen auch noch eine wirkungsvolle Methode, um zu entspannen, und es ist gut für den ganzen Sprechapparat, wie die Stimmbänder, den Kehlkopf. Obendrein ist es auch noch gesund für die Augen.

Konzentrieren wir uns nach dieser Mini-Übung nun ganz und gar auf unser Gehirn, denn es spielt eine zentrale Rolle, wenn es um Aufmerksamkeit und Konzentration geht. Es ist im Vergleich zu unserer sonstigen Körpermasse relativ klein. Durchschnittlich macht es nur etwa 2 % davon aus und wiegt zwischen 1.200 und 1.400 Gramm. Sensationell ist jedoch sein Energieverbrauch: Das Gehirn verbraucht immerhin mehr als 25 % der Glukose und etwa 20 % unseres Sauerstoffs. So schadet es nicht, dieses Organ immer wieder für frische Gedanken gut durchzulüften.

Wie Konzentration entsteht

Über unsere Sinnesorgane – Augen, Ohren, Haut, Nase und unseren Geschmackssinn – nehmen wir ununterbrochen Eindrücke aus der Außenwelt auf. Wenn nun alles, und ich meine wirklich alles, unsortiert an das Gehirn weitergeleitet würde, dann würde es ganz bald zu einem »Overload« an Reizen kommen. Das Gehirn wäre hoffnungslos überlastet. Deshalb haben wir eine Art Filtersystem eingebaut, das unwichtige Wahrnehmungen aussortiert, die deshalb erst gar nicht unser Bewusstsein dringen. Dieses Filtersystem wird beeinflusst durch die Erziehung, die wir genossen haben, durch unsere Erfahrungen, durch unsere Kultur, unsere sozialen Normen, die Vorurteile, die sich im Laufe unseres Lebens aufgebaut haben, durch unser Wertesystem und unsere tiefliegenden Überzeugungen, auch Glaubenssätze genannt. Sich konzentrieren zu können, hat viel mit diesem Filtersystem zu tun. Je besser unser Gehirn Reize und auftauchende Gefühle ausblenden oder ignorieren kann, desto besser können wir uns auf eine Aufgabe konzentrieren.

Der Filter in unserem Kopf

Kommen wir zurück zum Beispiel des Autofahrens, um den Filtermechanismus noch einmal zu verdeutlichen. Wir fahren meist im Zustand der sogenannten unbewussten Konzentration. Währenddessen können wir uns mit dem Beifahrer unterhalten, Musik hören oder den Nachrichten im Radio lauschen. Oder wir können uns überlegen, wie wir ein Problem lösen. Wenn aber etwas Überraschendes passiert, wenn also zum Beispiel ein Ball auf die Straße rollt, reagiert der Wahrnehmungsfilter blitzschnell auf diesen unerwarteten Reiz und schaltet das Gehirn von dem unbewussten in den bewussten Betriebsmodus. Das bewusste Denken übernimmt dann im Bruchteil einer Sekunde die Kontrolle. Wir sind dann sofort mit unserer Aufmerksamkeit im Hier und Jetzt. Und zwar so lange, bis dieser vermeintliche Gefahrenzustand wieder vorbei ist.

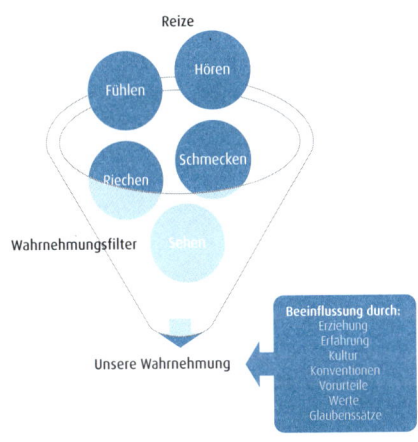

Unser Wahrnehmungsfilter

Zwischen Aufmerksamkeit und Konzentration gibt ein komplexes Wechselspiel. Gehirnforscher haben festgestellt, dass diese Fähigkeiten an keiner bestimmten Stelle im Gehirn fest verortet sind. Stattdessen baut sich Konzentration als Verflechtung von Anspannung, Entspannung, Wahrnehmung und natürlich auch der Erinnerung auf. Sich auf den Punkt oder eine Sache zu konzentrieren, ist für unser Gehirn ein enormer Kraftakt. Besonders in Kombination mit Aufmerksamkeit verlangt Konzentration eine perfekte Zusammenarbeit verschiedenster Hirnteile. Aufmerksamkeit und Konzentration entstehen in verschiedenen Hirnarealen. Der Thalamus, der alle Sinnesinformationen verarbeitet, das Großhirn, die Großhirnrinde, das Kleinhirn, der Hirnstamm und auch der präfrontale Cortex sind dabei sehr stark involviert.

Informationen und Reize von außen werden erst einmal an den Hirnstamm weitergeleitet. Sie aktivieren danach die Großhirnrinde. Der Thalamus selektiert und sorgt für Ordnung. Das Filtersystem kümmert sich darum, dass unbedeutende Impulse ausgeblendet werden, damit man beim Konzentrieren nicht von unwichtigen Infos gestört wird. Vermeintlich wichtige Informationen werden dann in den präfrontalen Cortex geleitet. In diesem Teil des Gehirns fällt letztendlich auch die Entscheidung, sich zu konzentrieren.

Müssen Sie sich also gezielt auf Dinge konzentrieren, für die Sie weder ernsthafte Neugier noch Interesse zeigen, ist die Wahrscheinlichkeit, dass Sie dabei häufiger nicht bei der Sache sind, dementsprechend hoch.

Wenn man das so liest, dann denkt man sich, dass der gesamte Prozess ganz schön lange dauert. Aber das, was ich Ihnen eben geschildert habe, findet in wenigen Sekunden statt. Und das immer wieder und viele Male am Tag.

Von Nervenzellen, Botenstoffen und Synapsen

Nervenzellen werden mit anderen Nervenzellen über Verbindungskanäle, die Synapsen, verbunden. Reize werden von Zelle zu Zelle über Botenstoffe, die sogenannten Neurotransmitter, weitergeleitet. Sie heißen zum Beispiel Glutamat, Noradrenalin, Serotonin und Dopamin. Der Botenstoff Dopamin wird tief im Inneren des Gehirns produziert und hilft dabei, unsere Aufmerksamkeit auf bestimmte Tätigkeiten zu richten und andere Sinnesinformationen auszublenden. Noradrenalin reguliert die generelle Wachheit.

Apropos Synapsen: In meinen Seminaren höre ich immer wieder von älteren Teilnehmern solche Sätze, wie: »Das lerne ich nimmer. Dafür bin ich schon zu alt«. Dabei haben diese Menschen gerade mal die 50 oder 55 überschritten. Hier eine gute Nachricht für alle: Neue Synapsen bilden sich bis ins hohe Alter. Auf unser Thema bezogen, heißt das, dass wir unsere Konzentrationsfähigkeit jederzeit, also auch noch im fortgeschrittenen Alter, verbessern können. Nur wenn Sie Ihr Gehirn nicht benutzen, dann schrumpft es. Wirklich!

Manche Informationen werden übrigens nur so lange gespeichert, wie wir sie benötigen. Oder können Sie sich noch an Ihre Sitzplatznummer der letzten Zugfahrt oder Flugreise erinnern? Wahrscheinlich nicht. Wenn etwas nicht mehr wichtig ist, werden solche Informationen vergessen. Und das ist auch gut so.

Flow – das Geheimnis höchster Konzentration?

Sind wir im Flow, vergeht die Zeit wie im Flug oder wir vergessen sie einfach. Dann kann uns nichts und niemand ablenken. Flow macht uns glücklich und kreativ. Im Flow wachsen wir über uns hinaus und lernen scheinbar mühelos neue Dinge. Die Arbeit geht uns in diesem Zustand schnell und leicht von der Hand.

BEISPIEL: FLOW

> Eine Kollegin und Freundin, die ich sehr schätze, schrieb mir eine E-Mail folgenden Inhalts: »Ich habe nun gestern und heute den ganzen Tag an der Aufgabe gearbeitet. Die Zeit fließt nur so dahin und ich vergesse alles drum herum.« Daraufhin wollte ich natürlich wissen, wie sie das so macht. Sie erzählte mir dann, dass es bei ihr immer eine gewisse Zeit braucht, bis sie sich gedanklich ausreichend mit der bevorstehenden Aufgabe beschäftigt und sich das erforderliche Wissen angeeignet hat. Wenn sie dann soweit ist, sich hinsetzt und mit der Arbeit beginnt, dann vergisst sie alles um sich herum. Das ist für sie so, als würde ein Schalter umgelegt werden. Sie vergisst sogar zu essen und zu trinken. Sie beißt sich an der Aufgabe fest und verliert jegliches Zeitgefühl. So kann es dann schon sein, dass sie sich von 10 Uhr vormittags bis weit nach Mitternacht mit dem Thema beschäftigt. Diesen Zustand empfindet sie als extrem produktiv.

Der Professor und Glücksforscher Mihály Csíkszentmihályi (seinen Namen spricht man so aus: Mi-hai Tschik-sent-mi-hai-i) hat dieses Flow-Erleben bereits 1975 in Worte gefasst (»Flow – Das Geheimnis des Glücks«): »Flow ist ein Zustand, bei dem man in eine Tätigkeit so vertieft ist, dass nichts anderes eine Rolle zu spielen scheint; die Erfahrung an sich ist so erfreulich, dass man es selbst um einen hohen Preis tut, um Flow zu erreichen.«

Professor Dr. Günter W. Maier und Regina Nissen beschreiben im Gabler Wirtschaftslexikon den Flow, der sich ins Deutsche mit »Fließen, Rinnen, Strömen« übersetzen lässt, als »positives emotionales Erleben bei einer Tätigkeit, das dadurch charakterisiert ist, dass eine Person ganz auf ihr Tun konzentriert ist und darin aufgeht, sich selbst dabei vergisst, das Zeitgefühl weitgehend verloren ist.«

Faktoren, die den Flow fördern

Es gibt so einige Faktoren, die es uns leichter machen, in den Flow zu kommen. Hier die sieben wichtigsten für Sie.

- Das Ziel ist klar: Werden Sie sich, bevor Sie mit einer Aufgabe beginnen, darüber klar, was Sie genau tun wollen und worauf es Ihnen ankommt. Wenn Sie während einer Tätigkeit ständig darüber nachdenken müssen, wofür das gut ist oder warum Sie das tun und was Sie eigentlich damit erreichen wollen, dann werden Sie nicht in »den Fluss« kommen.

- Nehmen Sie den Druck raus! Wenn Sie sich zu sehr auf das Ergebnis fixieren, verkrampfen Sie wahrscheinlich. Alle Leichtigkeit geht dann verloren. Csíkszentmihályi empfiehlt: »Lassen Sie die Erfolgserwartung los. Gehen Sie die Tätigkeit spielerisch an. Machen Sie sich keine Gedanken über das Ergebnis«. Tun Sie es einfach!

- Es ist machbar: Flow entsteht, wenn Sie mit all Ihren Fähigkeiten und all Ihrer Expertise gefordert sind, ohne überfordert zu sein. Die Aufgabe darf also für Sie weder zu leicht noch zu schwer sein.

- Lieben Sie das, was Sie tun: Bestimmte Tätigkeiten macht man einfach gern, weil sie Spaß machen, aus eigener Sicht sinnvoll oder herausfordernd sind oder einen schlichtweg interessieren. Hier handeln wir aus intrinsischen Motiven. Intrinsisch motivierte Tätigkeiten erledigen wir – im Gegensatz zu extrinsischen – um ihrer selbst willen und nicht, um eine Belohnung zu erlangen oder eine Bestrafung zu vermeiden.

- **Das Gefühl der Kontrolle über Ihre Handlungen haben:** Im Flow ist Kontrolle nichts Negatives. Denn im Flow haftet dem Kontrollgefühl nichts Zwanghaftes an. Wer das Gefühl hat, seine Aufgaben im Griff und unter Kontrolle zu haben, handelt sicher, gelöst und angstfrei. Frei von Sorgen und Zweifeln denken Sie dann gar nicht daran, dass etwas schiefgehen könnte.
- **Spielerisch an die Aufgabe herangehen:** Im Flow fallen Ihnen die Dinge ganz leicht und sind mühelos zu bewältigen. Das heißt nicht, dass das, was Sie tun, nicht anstrengend oder einfach ist. Wenn Sie die Sprints von Usain Bolt anschauen, dann wirkt das ganz leicht und spielerisch. Je besser jemand in dem ist, was er tut, desto simpler schaut es von außen aus. Der Leichtathlet ist sich subjektiv keiner besonderen Anstrengung bewusst. Bolt selbst sagt von sich, dass er ganz spielerisch, aber fokussiert in seine Rennen gegangen sei. Diese Mühelosigkeit hat noch einen interessanten und äußersten positiven Effekt: Sie bringen Leistung, und zwar, ohne dabei zu ermüden.
- **Präsent und aufmerksam im Hier und Jetzt:** Um in den Flow zu kommen, sollten Sie wach und präsent ganz im Hier und Jetzt sein. Flow funktioniert nicht, wenn Sie mit Ihren Gedanken etwa noch in der Vergangenheit oder schon in der Zukunft sind. Diese fokussierte Aufmerksamkeit im Hier und Jetzt ist einer der wichtigsten Bestandteile jeder herausragenden Leistung.

> In einem tiefen Flow hebt sich das normale Zeitgefühl auf. Die Stunden vergehen wie im Flug. Gleichzeitig »verlieren« Sie sich in dem, was Sie tun. Sie gehen ganz in der Tätigkeit auf. Aktivität und Aufmerksamkeit verschmelzen. Wenn Sie im Flow sind, dann ist nicht erst das Ergebnis oder das Erreichen eines Ziels befriedigend, sondern bereits das Tun selbst.

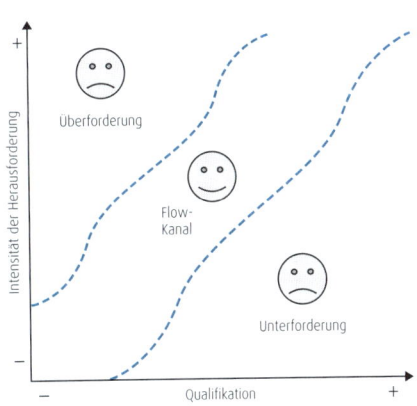

Flow

Achtsamkeit: Konzentration auf das Hier und Jetzt

Wenn man nicht achtsam ist, dann schweift der Geist ab. Achtsamkeit ist eine Form von Konzentration, bei der man bewusst wahrnimmt, was im gegenwärtigen Moment ist, ohne zu urteilen, sagt der Achtsamkeitslehrer und Coach Alexander Kopp. In diesem Zustand der Achtsamkeit ist man ganz auf den Moment fokussiert. Wir nehmen dann unseren Körper und unsere Gefühle ganz bewusst wahr und natürlich auch das, was um uns herum passiert.

Achtsamkeit kann man trainieren. In einer Studie der Universität Washington haben David M. Levy und seine Kollegen den Effekt von Achtsamkeitstraining auf die Konzentration untersucht. Sie haben festgestellt, dass bestimmte Formen der Meditation wissenschaftlich nachweisbar die Konzentrationsfähigkeit verbessern und Stress und emotionale Schwankungen reduzieren. Levy stellte fest, dass Menschen nach dem Achtsamkeitstraining seltener unterbewusst auf Ablenkungen reagierten. Und wenn sie bewusst auf eine Ablenkung reagierten, dann fiel es ihnen danach leichter, sich wieder ihrer eigentlichen Aufgabe zuzuwenden.

Achtsamer zu werden, ist gar nicht so schwer. Es gibt viele kleine, aber höchst wirksame Übungen dafür. Einige davon finden Sie hier in diesem TaschenGuide (siehe Kap. »Fitnesstraining für eine bessere Konzentration«). Je öfter Sie sie in Ihren Alltag integrieren, desto leichter fällt es Ihnen zunehmend, dem Hier und Jetzt Ihre ungeteilte Aufmerksamkeit zu schenken. Und genau das ist auch gut für Ihre Konzentration.

Auf einen Blick: Konzentration, bitte

- Wenn man sich willentlich und ganz bewusst auf eine einzige Sache fokussiert, dann spricht man vom Zustand der Konzentration. Währenddessen sind alle Gedanken und äußeren Reize, die nichts mit der Aufgabe zu tun haben, ausgeblendet. All unsere Energie stecken wir in diese eine Aufgabe.
- Den Zustand höchster Konzentration nennen Experten auch Flow. Wir sind dann so auf die eine Aufgabe fokussiert, dass wir alles um uns herum vergessen.
- Konzentration ist mit großer Anstrengung für Körper und Geist verbunden. Nach hochkonzentrierten Phasen brauchen wir deswegen auch dringend eine Pause und Entspannung. Immer fokussiert zu sein, funktioniert nicht.
- Oft sind wir mit unseren Gedanken ganz woanders, nur nicht bei der aktuellen Aufgabe. Wer seine Achtsamkeit trainiert, kann sich besser auf das Hier und Jetzt konzentrieren.

Wie fokussiertes Arbeiten gelingt

Überall lauern sie, die Feinde der Konzentration: Vor allem im hektischen Joballtag sind Störungen und Unterbrechungen ganz normal. Ob sie nun von außen kommen oder aus uns selbst heraus – ihre Wirkung ist fatal: Wir verlieren das, was wichtig ist, aus den Augen und sind nicht mehr bei der Sache.

In diesem Kapitel erfahren Sie u. a.,

- wie Sie innere Saboteure und Konzentrationskiller ausschalten,
- wie Sie die Triebfeder Motivation nutzen,
- wie Sie mit Versagensängsten umgehen,
- was Sie gegen Aufschieberitis tun können.

Machen Sie innere Saboteure unschädlich

»Unser Gehirn ist unfassbar neugierig und deshalb unglaublich leicht ablenkbar«, schreibt die ehemalige Gedächtnisweltmeisterin Christiane Stenger in ihrem Buch »Lassen Sie Ihr Hirn nicht unbeaufsichtigt«.

Sicher kennen Sie das auch: Sie sitzen am Schreibtisch und müssen dringend diese eine Sache erledigen. Sie würden sich gerne voll und ganz darauf konzentrieren, doch da tauchen so ganz einfach aus dem Nichts Gedanken auf. Das können positive sein, wie der bevorstehende Urlaub, das Essen am Samstag mit Freunden, der Erfolg des letzten Projektes. Aber auch negative Gedanken überfallen uns gerne in solchen Situationen. Wir erinnern uns dann plötzlich an das schiefgelaufene Kundengespräch, finanzielle Sorgen, Probleme in der Partnerschaft, den Streit mit dem Kollegen – oder wir denken an das schwierige Zielvereinbarungsgespräch, das uns bevorsteht.

Und manchmal fragen wir uns, wie aus dem Nichts, ob wir das Licht in der Küche ausgemacht haben, oder was der Chef wohl meinte, als er beim letzten Jour fixe sagte, dass »das Konsequenzen habe«. Wir verstricken uns in immer wiederkehrende innere Dialoge. Das ständige Geplapper aus dem Untergrund ... nervig! Wer in solchen Gedankennetzen und -spiralen gefangen ist, kann sich nicht auf das eigentlich Wichtige konzentrieren. An Arbeit nicht zu denken!

Machen Sie innere Saboteure unschädlich

Die Biathletin Laura Dahlmeier hat nach ihrer zweiten Goldmedaille bei den Olympischen Winterspielen in Südkorea in einem Interview gesagt: »Klar kommen Gedanken. Beim Schießen wie auch beim Laufen. Aber man muss sie ganz einfach ziehen lassen. Einfach nur ziehen lassen.« Was oft nicht so einfach ist. Aber es lässt sich lernen, und zwar, indem man es übt.

Wissen Sie noch, wie Sie das Autofahren erlernten? Ich kann mich noch sehr gut daran erinnern. Ich habe meinen Führerschein auf einem Audi 100 gemacht. Ein Riesenschlitten. Und im ersten Moment dachte ich mir: »Das lerne ich nie.« Innen drei Spiegel, die Gangschaltung, drei Pedale, der dauernd quasselnde Fahrlehrer. Und obendrein gab es auch noch eine bedrohliche Außenwelt: Fußgänger, Radfahrer, andere Autos, Ampeln und der deutsche Schilderwald. Jedes Mal, wenn ich einen Berg (oder war es doch nur ein Hügel?) sah, dann flehte ich innerlich: »Lieber Gott, lass jetzt die Ampel bitte nicht rot werden!« Und was passierte? Sie ahnen es: Die Ampel wurde natürlich rot. Anfahren am Berg bedeutete für mich Schweißflecken unter den Achseln, Zittern der Hände und Beine. Stress auf der ganzen Linie! Und dann ... wie von Geisterhand ... konnte ich auf einmal Autofahren. Auch das Anfahren am Berg klappte. Auf einmal war der Prozess des Autofahrens zur »unbewussten Kompetenz« geworden. Was ich daraus für mich und mein weiteres Leben mitnahm, war folgender Leitsatz: Üben, üben, üben und immer wieder üben! Es dauert halt ganz einfach, bis etwas in die »unbewusste Kompetenz« wandert. Ganz viele Menschen probieren etwas Neues zwei-, drei- oder viermal aus, sagen dann: »Also, ich hab's probiert. Bei mir funktioniert das einfach nicht« – und lassen es dann ganz sein.

Gehirnforscher haben herausgefunden, dass wir mindestens 28 Wiederholungen brauchen, damit eine Grundstruktur in unserem Gehirn geschaffen wird. Das heißt jedoch noch nicht, dass es bereits in die »unbewusste Kompetenz« gewandert ist. Dazu braucht es dann noch viel mehr Wiederholungen. Nämlich noch einmal an die 260 zusätzlich.

Wenn übrigens ein Seminarteilnehmer zu mir sagt: »Ja, das könnte ich mal ausprobieren ...«, dann weiß ich, dass er es nicht tun wird. Besser wäre es, wenn er sagen würde: »Ja, das teste ich jetzt die nächsten vier Wochen. Und dann entscheide ich, ob ich es weitermache.« So hätte er viel größere Chancen, es wirklich zu schaffen. Das gilt übrigens auch für unser Thema. Auch Konzentration und Aufmerksamkeit müssen trainiert werden. Und das dauert einfach seine Zeit.

Die Stoppschild-Übung

Sie brauchen dringend einen Weg aus der Gedankenspirale? Eine ganz einfache Übung, um sich nicht von Ihren Gedanken ablenken zu lassen, ist die Stoppschild-Übung. Diese Technik ist übrigens schon über 50 Jahre alt und ein Standardverfahren in der Verhaltenstherapie.

> **Die Stoppschild-Übung**
>
> Denken Sie sich ein imaginäres Stoppschild. Visualisieren Sie es vor Ihrem inneren Auge. Das dauert nur wenige Sekunden. Es muss nicht das klassische Verkehrsschild sein, es kann auch ein Fantasie-Zeichen sein. Ziehen Sie dieses Stoppschild immer dann, wenn Sie merken, dass wieder ein Gedanke sich seinen Platz in Ihrem Hirn sucht und Sie unbedingt von der gerade anstehenden Aufgabe abhalten will. Wenn Sie das Stoppschild gezogen haben, dann rufen Sie innerlich laut: »Stopp!« Der Gedankenfluss wird dadurch unterbrochen. Atmen Sie tief ein und aus. Lenken Sie den Blick auf die Aufgabe und setzen Sie diese fort.
>
> Sie können das auch mit einem aufmunternden und aufgabenbegleitenden Selbstgespräch unterstützen, so z. B. mit den motivierenden Worten: »Komm, das schaffst du«, »Eine richtig spannende Aufgabe«, »Wenn das erledigt ist, dann habe ich einen ganz großen Berg weggeschafft«.

Der Body-Scan

Wenn die störenden Gedanken sich nicht vom Stoppschild abschrecken lassen und hartnäckig immer wieder kommen, hilft vielleicht Plan B, der sogenannte Body-Scan, der aus der Meditationspraxis stammt und eigentlich eine Achtsamkeitsübung ist (siehe dazu bereits das Kap. »Achtsamkeit: Konzentration auf das Hier und Jetzt«). Er lenkt Ihre Aufmerksamkeit aus dem

Grübeln über das, was war oder vielleicht sein wird, in das Hier und Jetzt.

> **Übung: Body-Scan**
>
> Unterbrechen Sie Ihre Arbeit. Lassen Sie sie einfach liegen. Schalten Sie Ihr Mobiltelefon auf stumm und den Computer aus. Stellen Sie sich aufrecht hin. Achten Sie darauf, dass Ihre Füße einen guten Stand auf dem Boden haben, und schließen Sie die Augen. Richten Sie nun Ihre Aufmerksamkeit auf Ihre Fußsohlen und Füße. Was nehmen Sie dort wahr? Was spüren Sie? Lenken Sie dann Ihre Aufmerksamkeit zu Ihren Beinen. Was gibt es dort wahrzunehmen? Gehen Sie mit Ihrer Wahrnehmung dann über zum Gesäß und weiter zum Bauch, zu Ihrem Rücken, zum Schulterbereich, den Armen und Händen. Sind Sie bei Ihrem Kopf angelangt, konzentrieren Sie sich auf Ihre Atmung. Beobachten Sie Ihren Atemfluss eine Weile. Nehmen Sie wahr, was in Ihnen passiert und was Sie fühlen, wenn Sie tief ein- und mindestens so tief ausatmen. Öffnen Sie jetzt die Augen und schauen Sie sich ganz bewusst um. Widmen Sie sich nun wieder Ihrer Arbeit. Sie werden sehen: Jetzt kann es konzentrierter weitergehen.

Das Gedanken-Notizbuch

Wenn sich Ihr Gedankenkarussell gerne um unerledigte Aufgaben oder ungelöste Probleme dreht, dann ist vielleicht ein Gedanken-Notizbuch genau das Richtige für Sie. Besorgen Sie sich ein Blanko- Büchlein und machen Sie daraus Ihr ganz persönliches Gedanken-Notizbuch. Halten Sie darin alle störenden und ablenkenden Gedanken fest. Wenn Sie sich regelmäßig Notizen dazu machen, werden die Gedanken mit der Zeit immer leiser oder kommen vielleicht gar nicht mehr wieder.

Nutzen Sie die Triebfeder Motivation

BEISPIEL: KEINE LUST!

> Caro sitzt am PC vor dem Angebot, das bereits gestern hätte fertig sein müssen. Sie hat sich fest vorgenommen, es heute an den Kunden rauszuschicken. Genervt starrt sie auf den Bildschirm. Wie gerne würde sie gerade etwas ganz anderes tun! Shoppen zum Beispiel … nur fünf Minuten … und schon klickt sie auf den Internet-Explorer, um eine virtuelle Einkaufstour zu starten.

Sie kennen das sicherlich auch. Je weniger Freude und Spaß uns eine Aufgabe macht, je weniger Lust wir darauf haben, desto eher lassen wir uns ablenken, desto schneller geht die Konzentration flöten. Lustlosigkeit hat viel mit Motivation oder besser mit dem »nicht motiviert sein« zu tun. Doch warum sind wir manchmal so unmotiviert bei der Sache?

Experten unterscheiden zwischen zwei verschiedenen Arten von Motivation: der intrinsischen und der extrinsischen.

Extrinsische Motivation

Eine Motivation ist extrinsisch, wenn sie von außen kommt. Das ist beispielsweise dann der Fall, wenn Ihr Chef Ihnen eine Aufgabe überträgt und Ihnen eine Belohnung in Aussicht stellt, wenn Sie sie gut erledigen. Das kann ein Bonus, eine Gehaltserhöhung oder ein Incentive, aber auch eine Beförderung sein. Sogar das Vermeiden einer Bestrafung oder eines persönlichen Nachteils kann sich auf den einen oder anderen motivierend auswirken. Nach dem Psychologen und Motivationsexperten Professor Dr. Werner Corell sind es nicht immer materielle Dinge wie Geld, das exklusive Firmenfahrzeug oder das neueste Smartphone, die Menschen motivieren. Es sind auch soziale Anerkennung, Sicherheit, Vertrauen, Wertschätzung, Unabhängigkeit, Freiraum und Verantwortung.

Intrinsische Motivation

Intrinsische Motivation bedarf keines Impulses von außen oder von anderen. Sie kommt von innen heraus, also aus uns selbst, und ist darauf gerichtet, innere Überzeugungen und Werte zu realisieren. Das, was man tut, macht man einfach gern, weil es Spaß macht, sinnvoll oder herausfordernd ist oder einfach nur interessant. Eine Belohnung dafür zu erhalten, ist nicht wichtig.

Mehr Selbstmotivation – mehr Konzentration

Caro aus unserem Beispiel oben weiß sehr wohl, dass sie das Angebot unbedingt fertigstellen muss. Und doch lässt sie sich von einer virtuellen Shoppingtour nicht abhalten. Der Grund: Das Angeboteschreiben macht im Augenblick einfach keinen Spaß. Jede andere Tätigkeit scheint um ein Vielfaches angenehmer oder besser zu sein. Aber es hilft ja nichts – die Aufgabe muss vom Tisch. Um sich in solchen Fällen zu motivieren, helfen die folgenden Tipps.

- Wenn wir etwas machen, dann sollte es eine Bedeutung für uns haben – nicht für andere, sondern für uns selbst. Stellen Sie sich die Frage: »Was habe ich davon, wenn ich die Aufgabe jetzt gleich erledige? Was ist das Gute daran«?
- Etwas zu erreichen, wird erst dann zum Erfolg, wenn es richtig erstrebenswert ist.
- Fragen Sie sich immer wieder, was Ihnen wirklich wichtig ist. Wenn Sie den Sinn in dem, was Sie tun, erkennen, dann kommen Freude, Engagement, Spaß und die notwendige Energie ganz von selbst.
- Ein großer Schritt zur Förderung der eigenen Motivation und damit auch zur Steigerung der Konzentration ist zu wissen, wofür Sie etwas machen.
- Erinnern Sie sich, wie Sie als Kind für gute Leistungen oder Erfolge belohnt wurden? Irgendwann gab es keine Belohnungen mehr. Aber warum eigentlich? Ich empfehle Ihnen, wieder damit anzufangen! Belohnen Sie sich für gute Leistungen. Belohnen Sie sich, wenn Sie etwas Wichtiges abgeschlossen haben. Was auch immer es ist – ein Wochenende in einem Wellness-Hotel, neue Schuhe, ein leckeres Essen mit dem Schatz beim Lieblingsitaliener, ein gutes Buch – gönnen Sie sich was Schönes. Sie haben es sich verdient, denn Sie haben etwas erreicht oder abgeschlossen.

Das Beste aus Versagensängsten machen

Versagensängste spielen eine große Rolle, wenn es um Konzentration geht. Angst, egal welcher Art, führt dazu, dass der sogenannte Mandelkern, die Amygdala, im Gehirn aktiviert wird. Es läuft dann ein archaisches Notfallprogramm ab, das wie bei unseren Vorfahren auf Flucht, Kampf oder Totstellen gerichtet ist. Das Großhirn, das zuständig für das rationale Denken ist, verliert die Kontrolle über weitere Abläufe. Wir sind dann nicht mehr so gut in der Lage, unsere Emotionen zu steuern. Und das wiederum führt zu Konzentrationsproblemen.

In der heutigen Zeit können wir keine Keule schwingen oder auf einen Baum flüchten, wenn wir uns bedroht fühlen. Heute kämpfen wir mit Worten. Manche Menschen laufen davon, wenn es schwierig wird und knallen die Tür hinter sich zu. Wieder andere werden stumm und ziehen sich wie eine Schnecke in sich zurück. Wenn Ängste ein bestimmtes Ausmaß erreichen, schwindet die Selbstkontrolle und die innere Erregung steigt. Das kann bis zum Blackout führen, bei dem gar nichts mehr geht.

Versagensangst gehört zu den größten Blockaden des persönlichen Erfolgs. Sitzen wir vor einer wichtigen Aufgabe und hemmt uns die Angst, sie nicht zu schaffen und zu bewältigen, kreist unser Denken nur noch um die Angst selbst. An Konzentration ist in solchen Ausnahmesituationen nicht zu denken.

Oft die Wurzeln für Versagensangst: destruktive Glaubenssätze und Antreiber

Die mangelnde Anerkennung durch die Eltern in der Kindheit kann eine Ursache für Versagensangst sein. »Lass mich mal machen. Du schaffst das nicht!«, »Wieder eine Fünf, aus dir wird nie was.« – viele Menschen werden mit solchen Sätzen, den sogenannten Glaubenssätzen, groß. Sie wirken auch noch im Erwachsenenalter nach, ob wir es wollen oder nicht. Meist leben wir sie unterbewusst.

Auch Perfektionismus kann eine große Rolle spielen, wenn es um diese Angst geht. Perfektionisten erlauben sich keine Fehler und haben eine sehr hohe Erwartung an sich selbst. Das resultiert oft ebenfalls aus der Erziehung. So gab es als Kind vielleicht nur Liebe und Zuwendung bei guten Leistungen oder Fehler wurden hart bestraft.

Wenn man das persönliche Problem erkannt hat, kann die Ursache der Angst hinterfragt werden. Man stellt dann in der Regel fest, dass die Befürchtungen unrealistisch sind und aus einer verzerrten Wahrnehmung resultieren. Plötzlich weiß man, dass man durchaus auch Fehler machen darf, dass man nicht alles perfekt machen muss, um vom Umfeld wertgeschätzt zu werden.

BEISPIEL: PRÜFUNGSANGST

> Einer meiner Klienten stand kurz vor seinen wichtigsten Prüfungen zum Diplomforstwirt. Er erzählte mir: »Ich bereite mich zwar immer gut auf die Prüfungen vor. Das hilft aber nichts, denn wenn ich dann in der Prüfung sitze und die Fragen vor mir habe, kann ich eine halbe

Stunde nicht schreiben. Ich bin einfach nicht mehr in der Lage dazu. Meine Gedanken kreisen immer um das weiße Blatt. Ich kann mich einfach nicht auf den Prüfungsstoff konzentrieren. Nach einer Weile geht es dann doch – und was ich dann auf das Papier bringe, ist auch richtig. Aber mir fehlt einfach die halbe Stunde und so schramme ich grundsätzlich knapp am Nichtbestehen vorbei. Das will ich jetzt einfach nicht mehr.« Ich konnte ihn gut verstehen. Wir haben dann gemeinsam ganz intensiv an seinem Problem gearbeitet, so beispielsweise an seinen Glaubenssätzen und Antreibern (siehe dazu die folgenden Kapitel). Nach den nächsten Prüfungen hat er mich dann angerufen; er war ganz aufgeregt. Das Adrenalin drang förmlich durch das Telefon. »Frau Mühlbauer, ich glaube, dass ich es nicht geschafft habe!« Ich fragte ihn, ob er gleich von Beginn an schreiben konnte. Nach einer kurzen Zeit, die mir wie eine Ewigkeit vorkam, antwortete er: »Ja, konnte ich. Ist mir gar nicht aufgefallen ...« Und was soll ich sagen – er hat seine Prüfungen bestanden. Und nicht nur einfach gerade so, sondern das Ergebnis war richtig gut.

Negative Glaubenssätze identifizieren und umwandeln

Als ich das erste Mal mit dem Thema Glaubenssätze konfrontiert wurde, dachte ich mir: »Was hat das mit dem göttlichen Glauben zu tun?«, um dann schnell herauszufinden: Nichts! Als Glaubenssätze bezeichnet man tief in uns wurzelnde Überzeugungen. Unsere Einstellung zum Leben wird maßgeblich von diesen Überzeugungen geprägt. Positive Glaubenssätze erzeugen kraftvolle Energie, destruktive Überzeugungen hingegen machen lahm, unsicher und unglücklich. Im Unterbewusstsein sind sie so stark verankert, dass sie uns steuern, ohne dass wir es merken. Glaubenssätze beeinflussen unser Selbstwertgefühl, das berufliche Umfeld, die Wahl des Lebenspartners, die Beziehungen zu Freunden, Kollegen und Vorgesetzten. Sie legen fest, wie wir mit unserem Körper und der Gesundheit umgehen, welche Einstellung zum Leben wir haben und welchen Sinn wir damit verfolgen.

Glaubenssätze sind nichts anderes als Verallgemeinerungen von Sichtweisen auf das Leben. Bereits ganz früh, nämlich in unserer Kindheit haben wir weitgehend unreflektiert viele Ängste, Meinungen, Überzeugungen, Denk- und Arbeitsweisen von anderen Menschen übernommen, die nicht unbedingt gut für uns waren und es auch immer noch nicht sind. Mehr oder minder pädagogisch wertvolle Hinweise von Eltern, Erziehern oder Lehrern, wie z. B. »Sei doch nicht immer so schusselig«, oder: »Stell dich doch nicht so dumm an«, können uns auch noch als Erwachsene beeinflussen, auch wenn wir sie »eigentlich« ablehnen. Wir können sie nicht einfach so vergessen, da sie in unserem Unterbewusstsein gespeichert ist. Sie sind verinnerlichte Bestätigungen und lassen sich nicht so einfach als richtig oder falsch klassifizieren.

Viele dieser Glaubenssätze sind sehr nützlich. Sie helfen uns dabei, uns in der Welt zurechtzufinden. Und solche Sätze müssen wir natürlich auch nicht ändern. Es gibt jedoch auch tiefliegende Überzeugungen, die uns limitieren und einschränken, ja, die uns schaden. Es sind Überzeugungen wie: »Das lerne ich nie«, »Ich bin nicht liebenswert«, »Das kann ich nicht«, »Das schaff ich nicht«, »Ich werde versagen«, »Ich darf mir keine Fehler erlauben«, »Die Welt ist schlecht«, »Arbeit ist ein notwendiges Übel«, »Vertrauen ist gut, Kontrolle ist besser«.

Solche einschränkenden Glaubenssätze bestimmen, was wir denken, was wir fühlen und wie wir handeln. Oft boykottieren wir uns damit unbewusst selbst und wundern uns, warum nichts von dem, was wir uns vornehmen, klappt. Hier gilt es herauszufinden, warum und inwieweit unser Unterbewusstsein gegen uns arbeitet.

> **Übung: Ihren Glaubenssätzen auf der Spur**
>
> Glaubenssätze aus Ihrer Vergangenheit – positiv wie negativ – beeinflussen unbewusst Ihre Verhaltensweisen und Entscheidungen im Hier und Jetzt.
>
> Um ihnen auf die Spur zu kommen, machen Sie am besten Folgendes: Nehmen Sie ein Stück Papier und einen Stift und schreiben Sie ganz spontan auf, welche Begriffe Sie mit den nachfolgenden Worten verbinden. Tun Sie das, ohne viel darüber nachzudenken.
>
> Menschen – Männer – Frauen – Liebe – Arbeit – Erfolg – Geld – Versagen – Fehler
>
> Mithilfe dieser kleinen Übung erkennen Sie sehr schnell, in welchen Bereichen Sie möglicherweise negative Grundüberzeugungen aufweisen und wo Sie geprägt sind von positiven Glaubenssätzen.

Es gibt einige Techniken, die dabei helfen, negative Glaubenssätze zu verändern oder gar aufzulösen. Der leichteste Weg ist es, mit einem Coach zu sprechen und mit ihm gemeinsam an Ihrem persönlichen Thema zu arbeiten. Aber auch auf eigene Faust kann es gelingen, wenn Sie wie folgt vorgehen.

- **Schritt Nr. 1 – Umwandeln:** Wenn Sie einen negativen Glaubenssatz entlarvt haben, sollten Sie diesen ganz bewusst in einen positiven Glaubenssatz umwandeln.

  BEISPIELE: UMWANDELN VON EINSCHRÄNKENDEN ÜBERZEUGUNGEN

  Aus »Ich bin schlecht in meinem Job« wird: »Ich bin gut in meinem Job und eine wertvolle Arbeitskraft«.

  Aus »Ich kann das nicht« wird: »Ich probiere das jetzt vier Wochen lang aus. Und jeden Tag wird es besser und besser«.

  Aus »Ich kann mich nicht konzentrieren« wird: »Konzentrieren gelingt mir jeden Tag besser und besser«.

- **Schritt Nr. 2 – Festigen des positiven Glaubenssatzes:** Den neuen Glaubenssatz einfach so nur hinzuschreiben, reicht nicht aus. Er muss zudem gefestigt werden. Es braucht meist Geduld und eine Menge Zeit, die tiefsitzenden Überzeugungen aus der Kindheit loszulassen und durch neue zu ersetzen. Sagen Sie sich deshalb Ihren neuen positiven Glaubenssatz so oft wie möglich. Experten nennen dies Affirmationsarbeit. Affirmationen sind positiv formulierte Sätze, die man sich häufig (25 bis 30 Mal) und regelmäßig (immer zur gleichen Uhrzeit, z. B. morgens beim Zähneputzen oder auf der Fahrt an den Arbeitsplatz) vorsagt. Sie können den Satz laut oder ganz still für sich selbst sagen.

Besonders wichtig ist, dass Sie sich im Alltag aktiv auf die Bestätigung Ihrer positiven Glaubenssätze konzentrieren. Erhalten Sie Lob von Ihrem Vorgesetzten? Ein Kompliment vom Kollegen? Oder haben Sie eine Herausforderung gemeistert? Dann schreiben Sie diese Erfolge auf. So festigen Sie Ihr neues Lebensgefühl. Notieren Sie z. B. in einem Erfolgsbüchlein, das Sie sich extra dafür anschaffen: »Auch mein Chef ist von meiner guten Arbeit richtig begeistert«.

Schädliche Antreiber entkräften

Nah verwandt mit den Glaubenssätzen sind die sogenannten Antreiber. Die Psychologen Kahler und Caspers haben bereits in den 1970er-Jahren fünf dieser typischen Antreibersätze herausgearbeitet, die unser Tun beeinflussen und deren Wurzeln ebenfalls in unserer Erziehung liegen. Erkennen Sie sich in den folgenden Sätzen wieder?

- Sei (immer) perfekt, mach keine Fehler: Dieser Antreiber verlangt Perfektion, Vollkommenheit und Gründlichkeit in allem, was man tut. Er kann die Ursache für Versagensängste sein. Spielt dieser Antreiber auch in Ihrem Leben eine Rolle? Wandeln Sie ihn um in einen für Sie passenden Erlaubnissatz: »Lass mal alle Fünfe gerade sein«, oder: »Fehler sind völlig okay, denn ich lerne daraus.«, oder: »Gut ist gut genug.«

- Mach (immer) schnell oder beeil dich: Dieser Antreiber ist Anlass, alles rasch zu erledigen, rasch zu antworten, rasch zu sprechen, er ist ein Aufruf zur Hektik – und oft hindert er daran, sich aufmerksam einer Sache zu widmen. Sagen Sie sich: »Lass dir Zeit!«

- Streng dich (immer) an: Wer diesem Antreiber folgt, macht aus jedem Auftrag ein Jahrhundertwerk. Das versetzt in Stress, was über kurz oder lang auch zu Konzentrationsschwierigkeiten führt. Sagen Sie sich stattdessen: »Lass mal locker!«.

- Mach es allen (immer) recht oder sei (immer) liebenswürdig: Wer nach diesem Antreiber handelt, läuft Gefahr, sich zu verzetteln, denn andere sind immer wichtiger als man selbst. Wer unter diesem Antreiber steht, fühlt sich für das Wohlergehen der anderen verantwortlich. Er kommt ihnen entgegen, um geschätzt und anerkannt zu werden und um beliebt zu sein. Sagen Sie sich immer wieder: »Denk an dich!«, oder: »Du kannst nur gut für andere sorgen, wenn du auch gut für dich selbst sorgst!«
- Sei (immer) stark in jeder Lage: Dieser Antreiber setzt die Betroffenen unter großen Druck, keine Schwäche zu zeigen – und Druck erzeugt Stress, der letztlich dazu führt, dass man sich nicht mehr konzentrieren kann. Sagen Sie sich stattdessen: »Du darfst auch schwach sein«.

Übrigens: Auch ganze Unternehmen können durchaus unter solchen Antreibern stehen. Sie werden häufig vom Unternehmensgründer oder durch die Unternehmenskultur geprägt. Sie beeinflussen dann Entscheidungen, ohne dass diese wirklich hinterfragt werden.

Aufschieberitis überwinden

»Jetzt werde ich ganz konzentriert an XY arbeiten ...«, oder: »Heute erledige ich die Aufgabe Z. Ganz bestimmt!« Das nehmen wir uns gerne vor. Und dann ertappen wir uns doch beim

Rumtrödeln. Der Wille ist zwar da, aber das Fleisch ist schwach. Wir verschieben unsere Aufgaben bewusst oder unterbewusst immer weiter nach hinten. Unsere Konzentration springt zwischen verschiedenen Aufgaben hin und her – mit der Folge, dass wir uns auf keine davon so richtig konzentrieren können.

Alles eine Frage der Priorisierung?

Wir neigen dazu, Unangenehmes oder etwas, was uns nicht so viel Spaß macht, aufzuschieben. So lassen wir uns allzu gerne von der Steuererklärung oder von Arbeiten ablenken, die wir eher als eintönig und langweilig erleben, wie zum Beispiel der Statistik, auf die der Chef schon lange wartet. Die dringende, aber lästige Anfrage wird später beantwortet. Der Rückruf wird auf den nächsten Tag verschoben. Da findet man doch immer wieder auf dem Weg Dinge, die jetzt im Augenblick ja viel, viel wichtiger sind. Und danach folgt das schlechte Gewissen, weil man sich mal wieder vor der einen Aufgabe »gedrückt« hat.

Viele Menschen schieben aber auch Dinge vor sich her, weil sie Wichtiges nicht von Unwichtigem unterscheiden können. In solchen Fällen hilft meist schon eine gute Priorisierung der Aufgaben. Denn eines ist klar: Das Kernproblem so mancher Aufschieber ist, dass sie mit dem Prioritätensetzen Schwierigkeiten haben.

Je besser und klarer Sie Ihre Aufgaben priorisieren, desto zügiger und konzentrierter lassen sie sich abarbeiten. Hier meine Lieblingstechniken zur Priorisierung.

Das Eisenhower-Prinzip

»First things first« – das Wichtigste zuerst, steht hinter diesem Prinzip, das eine große Rolle im Zeitmanagement spielt und dessen Namen von niemand Geringerem als dem ehemaligen US-Präsidenten Dwight D. Eisenhower stammt. Das Prinzip baut darauf, Wesentliches von Unwesentlichem zu trennen und den anstehenden Aufgaben eine Priorität zuzuordnen.

Mit dieser Methode können Sie einschätzen, wie wichtig und wie eilig Ihre Aufgaben sind. Manche davon müssen Sie sofort erledigen, manche können warten, manche können Sie delegieren und einiges davon kann in den Papierkorb wandern. Wer jeden Tag zehn Minuten in die Priorisierung nach dem Eisenhower-Prinzip investiert, richtet sein Arbeitssystem systematisch auf die relevanten Prozesse aus und schärft den Blick für Dinge, die nur Zeit kosten, aber nichts bewegen.

Alle Aufgaben und Ziele werden dabei zwei Kriteriengruppen zugeordnet:

1. Sind sie wichtig oder unwichtig?
2. Sind sie eilig oder nicht eilig?

So ergibt sich eine Verteilung der Arbeiten, Aufgaben und Ziele in vier Gruppen:

- Aufgaben, die wichtig und eilig sind
- Aufgaben, die wichtig, aber nicht eilig sind
- Aufgaben, die unwichtig, dafür aber eilig sind

Aufgaben die unwichtig und nicht eilig sind Diese vier Aufgabengruppen werden so behandelt:

1. Wichtig und eilig: sofort erledigen
2. Wichtig, aber nicht eilig: in den Zeitplaner eintragen und zu einem späteren Zeitpunkt bearbeiten
3. Eilig, aber nicht wichtig: delegieren
4. Weder wichtig noch eilig: ab in den Papierkorb

Die Eisenhower-Matrix

Wenn wir gar nicht anders können

Nicht immer liegt es an fehlender oder mangelnder Priorisierung. Oft hat Aufschieberitis ihre Ursachen in uns selbst. Man kann zwischen zwei Aufschiebertypen unterscheiden.

Aufschiebertyp Nr. 1: Der Adrenalin-Junkie

Da ist der Aufschieber, der Dinge grundsätzlich erst auf den letzten Drücker erledigt und den Adrenalinkick genießt, den dieser Hochdruck zum Schluss erzeugt. Meist behauptet er, dass er das braucht. Dass er erst dadurch kreativ sein kann. Dass er nur dann eine Arbeit wirklich erstklassig abliefern kann. Allerdings setzt dieses Aufschieben auch mächtig unter Druck und Stress. Wirkliche Konzentration ist in einer solchen Situation nicht möglich (siehe auch Kap. »Das Beste aus Versagensängsten machen«).

Mögliche Strategie für diesen Typus: Wenn Sie zu dieser Art von Aufschieberitis neigen, dann hilft es vielleicht, wenn Sie sich hin und wieder selbst betrügen. Wenn Sie zum Beispiel an einem Freitag fertig sein müssen, dann notieren Sie sich als Deadline bereits den Mittwoch. So machen Sie sich ein Phänomen unseres Gehirns zunutze: Wenn wir etwas immer und immer wieder hören oder lesen, dann glauben wir das dann auch irgendwann. Je öfter Sie einen Gedanken denken, desto stärker schleift er sich also ein. Sie akzeptieren ihn irgendwann als wahr. So werden Sie dann in absehbarer Zeit denken und im Übrigen auch davon überzeugt sein: »Am Mittwoch muss ich fertig sein.« Und siehe da, es geschieht ein Wunder: Sie werden wirklich an diesem Tag fertig. Sie haben dann sogar noch einen ganzen Tag lang Zeit, um das bereits sehr gute Ergebnis noch zu verbessern.

Aufschiebertyp Nr. 2: Der Ängstliche

Ein anderer Aufschiebertypus genießt Druck nicht, im Gegenteil: Er will ihn auf jeden Fall vermeiden, und zwar aus Versagensangst (»Was ist, wenn jemand merkt, dass ich nicht gut genug bin?«). Die Aufgabe erzeugt Leistungsdruck und diese Art des Drucks vermeidet er. Ausreden hat er jedoch durchaus schnell parat. Vor allem Menschen mit Hang zum Perfektionismus leiden unter dieser Form der Aufschieberitis. Sie fürchten, dass das Arbeitsergebnis nicht ihren hohen Ansprüchen genügt – und fangen daher gar nicht erst mit der Aufgabe an. Sie lassen sich aus diesem Grund nur allzu gerne durch anderes, im Zweifel Unwichtigeres ablenken. Die Wurzeln eines solchen Verhaltens sind meist mangelndes Selbstbewusstsein und negative Glaubenssätze. Die Saat dessen wird in der Kindheit gelegt, wie Sie bereits im Kap. »Das Beste aus Versagensängsten machen« erfahren haben. Den Betroffenen kostet diese Art der Aufschieberitis viel Energie, sie macht ihm viel Stress.

> Wenn das Aufgabenverschieben chronisch wird, spricht man von pathologischem Aufschieben oder auch Prokrastination, und das gilt als sogenannte Arbeitsstörung.

Mögliche Strategien für diesen Typus:

- Suchen Sie sich Unterstützer: Menschen, die diesem Typus zuzuordnen sind, haben meist eine große Portion Selbstbewusstsein nötig. Gehen Sie auf die Suche nach jemandem, der an Sie glaubt, der Sie fördert und fordert.

- Ändern Sie den Fokus: Nehmen Sie sich ein Blatt Papier und notieren Sie darauf die Überschrift »Ich bin außerordentlich, weil ...«. Schreiben Sie darunter die Zahlen 1 bis 28 oder auch mehr; jede Zahl in eine neue Zeile. Füllen Sie die Zeilen mit Dingen, die Sie geschafft und bewältigt haben. Notieren Sie die großen, aber auch die kleinen Erfolge in Ihrem Leben.

Fällt Ihnen nicht genug ein? Fragen Sie liebe Menschen in Ihrem Umfeld, was sie an Ihnen ganz besonders schätzen. Und ganz wichtig: Schreiben Sie alles auf! Erkennen Sie, wie wunderbar Sie sind?

- Räumen Sie Blockaden und Hindernisse aus dem Weg. Entkräften Sie einschränkende Glaubenssätze und falsche Antreiber (siehe hierzu näher Kap. »Das Beste aus Versagensängsten machen«). Formulieren Sie für sich eine positive Affirmation, die Sie regelmäßig und häufig wiederholen. Um Blockaden zu lösen, gibt es eine Vielzahl weiterer Methoden und Werkzeuge: EFT (Emotional Freedom Techniques), auch bekannt als Klopfen, funktioniert wunderbar und schnell. Auch mit wingwave® und Techniken aus dem NLP (Neurolinguistisches Programmieren) erziele ich sehr gute Ergebnisse. Es gibt nicht DIE beste Methode, auch wenn das viele Praktiker gerne von ihrer Methode behaupten. Sie muss zu Ihnen passen.

> Haben Sie Geduld: Affirmationen funktionieren nicht von heute auf morgen. Und: Ihr Unterbewusstsein muss das, was Sie formulieren, auch wirklich glauben können.

- Halten Sie Ihre Erfolge fest: Was ist gut gelaufen? Was haben Sie gelernt? Worauf sind Sie stolz? Schreiben Sie alles auf. Durch diese Erfolgsdokumentation wird sich Ihr Blickwinkel mit der Zeit ins Positive verändern.

- Springen Sie ins kalte Wasser und fangen Sie einfach an: Beim Sprung kann Ihnen der Fünf-Minuten-Deal (siehe Kap. »Konzentrationsübungen«) helfen.

Vergessen Sie Multitasking

Können Sie mehrere Dinge gleichzeitig machen? Und alles gelingt Ihnen gleich gut? Herzlichen Glückwunsch! Dann sind Sie ein ganz besonderer Mensch. Sie sind ein Multitasker.

Schauen wir uns das Phänomen Multitasking mal genauer an. Darunter versteht man, dass eine Person zwei oder mehr Aufgaben zeitüberlappend ausführen kann. Dabei müssen die Aufgaben unabhängige Ziele haben. »So könnte man Autofahren ja in mehrere Tasks untergliedern, aber diese haben zusammen ein Ziel, nämlich effizient und unfallfrei zum Ziel zu kommen«, sagt der Psychologe Professor Dr. Torsten Schubert. Die unterschiedliche Zielsetzung grenzt Multitasking also von komplexen, zusammenhängenden Handlungen ab.

Unterschiedliche Prozesse können durchaus gleichzeitig ablaufen.

BEISPIELE: PARALLELE PROZESSE

> Ich kann einem Gesprächspartner am Telefon zuhören und währenddessen visuelle Informationen aufnehmen.
>
> Ich kann sprechen und dabei etwas mit meiner Hand etwas tun.

Es gibt jedoch auch Abläufe, die das Gehirn nur ausschließlich ausführen kann, weil es dafür jeweils die volle Aufmerksamkeit braucht.

BEISPIEL: SICH AUSSCHLIESSENDE PROZESSE

> Wenn ich am Telefon von einem Kunden gefragt werde, welcher Termin mir besser passt, und gleichzeitig meine Sekretärin per E-Mail anfrage, ob sie bestimmte Unterlagen ausdrucken soll, kann ich meine Entscheidungen zu den beiden Anfragen nur nacheinander treffen.

Wenn ich mich einer solchen Entscheidungsaufgabe zuwende, dann bedeutet das, dass ich eine andere Sache dafür unterbrechen muss. Wie gut jemand gleichzeitig auf verschiedene Anforderungen eingehen kann, hängt natürlich immer auch mit der konkreten Situation und mit Übungseffekten zusammen, also unter anderem damit, wie oft er solche Situationen bereits trainiert hat.

Frauen sagt man nach, dass sie sehr gut multitaskingmäßig unterwegs sein können. Dass sie also mehrere Dinge gleichzeitig machen können. Eine Schweizer Studie konnte aufzeigen, dass das weibliche Geschlecht tatsächlich besser darin ist, verschiedene Aufgaben miteinander in Einklang zu bringen. Dieser Vorteil ist jedoch jungen Frauen vorbehalten; im Alter sind Frauen und Männer wieder gleich gut im Multitasking.

Aus dem Blickwinkel einer Führungskraft ist es natürlich sehr erstrebenswert, Mitarbeiter zu haben, die ganz viele Aufgaben auf einmal erledigen können. Ich habe durchaus schon Stellenanzeigen gesehen, wo explizit nach einer solchen Multitasking-Perle gesucht wurde. Ein solches Denken kann man Chefs ja auch nicht verübeln.

Psychologische Experimente haben jedoch gezeigt: Überlappen sich Entscheidungsprozesse, verlängert sich die Bearbeitungszeit und/oder die Fehlerquote steigt.

Der Psychologe Csíkszentmihályi, dessen Arbeit Sie im Kapitel »Flow – das Geheimnis höchster Konzentration« bereits kennengelernt haben, ist davon überzeugt, dass man nur dann in einen Flow kommen kann, wenn man sich auf eine Aufgabe konzentriert. Er schreibt, dass das sogar beim Bügeln passieren könne, aber dann müsste der Fernseher während dieses Vorgangs ausbleiben. Bügeln und gleichzeitig Fernsehen ist also bereits schon Multitasking. Ich hab es ausprobiert. Allerdings konnte ich beim Bügeln absolut keinen Flow spüren und habe dann den Fernseher wieder eingeschaltet.

Gehirnforscher haben herausgefunden, dass Multitasking nicht gut für unser Gehirn ist. Das haben auch einige Studien bewiesen (so z.B. die des französischen Hirnforschers Etienne Koechlin und seiner Kollegen, http://science.sciencemag.org/content/328/5976/360). Sie belegen: Multitasking funktioniert nicht. Es führt nur dazu, dass man länger braucht, sich leichter von seinen Aufgaben ablenken lässt und dadurch mehr Fehler macht. Man ist nicht produktiver, sondern wird daran gehindert, zielorientiert zu arbeiten. Außerdem verursacht es Stress.

Vergessen Sie also Multitasking. Versuchen Sie lieber Schritt für Schritt vorzugehen. Das ist besser fürs Gehirn und für Ihre Gesundheit.

Gut umgehen mit Störungen von außen

Unser Gehirn registriert alles. Und es lässt sich auch sehr leicht und gerne ablenken. Ablenkungen, die von außen auf uns einwirken, gibt es im Büroalltag leider viele. Solche Konzentrationskiller sind beispielsweise ankommende Anrufe, die lieben

Kollegen, die »nur mal schnell« eine Frage haben, die Geräusche des Großraumbüros, der Chef, der mal wieder Ihren Zeitplan für heute ins Wanken bringt, weil er eine ganz wichtige Aufgabe hat, die sofort erledigt werden soll.

Einen gleichbleibenden allgemeinen Lärmpegel im Büro blendet unser Gehirn schnell aus. Wenn Sie sich jedoch auf etwas konzentrieren wollen und jemand in Ihrem Büro telefoniert recht laut, dann wird das mit der Konzentration schon schwieriger. Oder wenn sich zwei Kollegen in Ihrem unmittelbaren Umfeld unterhalten, sich vielleicht Witze erzählen und lachen, dann kann das sehr hinderlich für Ihre Aufmerksamkeit sein.

> Falls Sie können, dann versuchen Sie in einer ruhigen Umgebung zu arbeiten. Ihrem Gehirn fällt es dann leichter, sich zu konzentrieren.

Aber auch die schöne neue Welt birgt so manche Ablenkung: Internet, E-Mails, Smartphones, WhatsApp, soziale Netzwerke, Google und Co. wirken mit ihrer Informationsflut auf uns und unser Gehirn ein.

Stellen Sie sich vor, PCs, das Internet und E-Mail-Programme wären nie erfunden worden. Dann müssten wir immer noch mit der Schreibmaschine unsere Briefe schreiben und mit Durchschlagpapier Kopien machen. Oder wenn es keinen Mobilfunk gäbe ... nicht auszudenken. Um wie viel komplizierter wäre unser Arbeitsleben dann! Doch so sehr die neuen Entwicklungen den Joballtag vereinfacht haben, so sehr lenken sie uns auch ab. Ja, sie gehören zu den größten Konzentrationskillern, mit denen wir konfrontiert sind. Gibt es Gesprächsbedarf, geht man nicht mehr ins Büro des Kollegen, sondern man schickt ihm eine E-Mail oder greift zum Hörer, um ihn anzurufen. Eine weitere Unart in Firmen ist der inflationäre Gebrauch des CC-Verteilers. Zur Sicherheit werden auch nur ganz am Rande von einem Vorgang Betroffene angemailt, indem man sie ins CC setzt. Man schickt das heute einfach mal. Kann ja nicht schaden. Und genau das ist ein großer Irrtum. Denn jede E-Mail, jeder Anruf, ob nötig oder nicht, führen bei der anderen Person zu einer Arbeitsunterbrechung. Jeder zweite Arbeitnehmer in Deutschland wird nach eigenen Angaben häufig in seiner Arbeit unterbrochen. Das sind doppelt so viele wie noch vor 20 Jahren, sagt die Bundesanstalt für Arbeitsschutz und Arbeitsmedizin.

Was Unterbrechungen mit uns anstellen

Der Psychologie-Professor Erik Altmann hat die vielen kleinen Störungen des heutigen Alltags und deren Auswirkungen untersucht. Ob E-Mail-Posteingangston, der Vibrationsalarm des Handys oder das Pling, das eine eingehende SMS oder eine WhatsApp-Nachricht ankündigt – oft dauern diese Unterbrechungen nur wenige Sekunden. Auch wenn es vermeintlich nur klitzekleine Signale sind, nehmen wir beziehungsweise unser Gehirn sie durchaus wahr und werden kurz abgelenkt. Diese Miniablenkung hat zur Folge, dass sich die Fehlerquote verdoppelt.

Das belegt auch die Studie von Professor Altmann. An ihr nahmen etwa 300 Probanden teil. Sie sollten verschiedene Aufgaben am Computer lösen und wurden währenddessen immer wieder durch kurze Störungen von maximal drei Sekunden

Dauer abgelenkt. Das Ergebnis: weniger Konzentration, mehr Stress und doppelt so viele Fehler wie in der Kontrollgruppe.

Wenn man ständig unterbrochen wird, tritt zudem der sogenannte Sägeblatteffekt ein: Sie benötigen, weil Sie sich immer wieder neu in die Aufgabe hineinfinden müssen, 28 % mehr Zeit, als Sie bräuchten, wenn Sie nicht unterbrochen würden. Auch steigt bei jeder Unterbrechung die Fehlerquote. Stellen Sie sich vor: Sie arbeiten sich in eine wichtige Aufgabe ein. Sie sind voller Elan. Dann kommt ein Kundenanruf. Ihre Konzentration fällt in den Keller. Nach dem Telefonat arbeiten Sie sich wieder hoch. Gerade oben angekommen, hat ein Kollege mal eine klitzekleine Frage. Und es geht wieder in den Keller. Und so weiter und so fort.

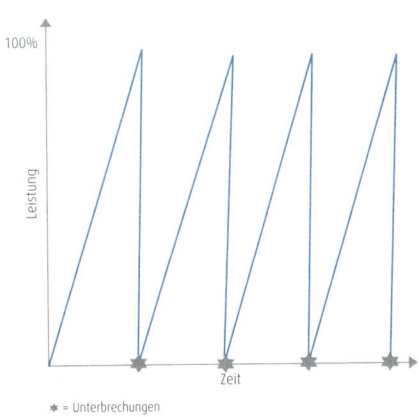

Der Sägeblatteffekt

Die Störzeiten-Analyse und ein Anti-Stör-Konzept

»Warum hab ich heute so gut wie nichts geschafft?«, fragen sich viele ratlos nach einem langen, anstrengenden Arbeitstag. Vielleicht liegt es ja an den permanenten Unterbrechungen. Im hektischen Alltag registrieren wir meist gar nicht, wie oft wir tatsächlich durch externe Störquellen von unserer eigentlichen Arbeit abgelenkt werden. Um dem auf den Grund zu gehen, empfiehlt es sich, die persönlichen Störzeiten zu ermitteln.

- Erstellen Sie eine Tabelle wie die folgende oder laden Sie sich eine Vorlage über https://mybook.haufe.de, Buchcode TGA-HL12, Rubrik »Kommunikation & Soft Skills«, herunter. Legen Sie sie griffbereit auf Ihren Schreibtisch oder an Ihren Arbeitsplatz.

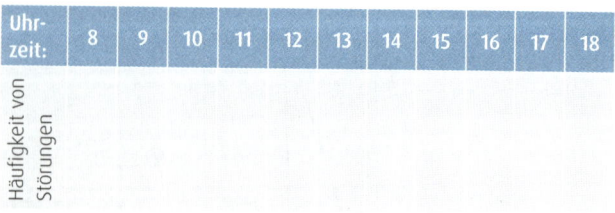

- Tragen Sie pro Störung einen Strich ein. Vielleicht macht es auch Sinn, wenn Sie unterschiedliche Farben für Telefonate, Unterbrechungen durch Kollegen, den Chef oder die Kunden verwenden. Führen Sie solche Listen am besten über einen Zeitraum von einer Woche. So erhalten Sie ein umfassendes Bild über die Störungen.

- Nun geht es an die Auswertung. Schauen Sie sich Ihre Aufzeichnungen genau an: Zu welchen Zeitpunkten treten die Störungen am häufigsten auf? Um welche Art von Unterbrechungen handelt es sich? Sie finden das aufwendig und mühsam? Das ist es auch, aber es lohnt sich: Je genauer Sie die Störzeitenanalyse durchführen, desto besser können Sie für sich ein vernünftiges Zeitmanagement gestalten. Denn was nützen die tollsten Methoden und Techniken zum Zeitmanagement, wenn man sie nicht richtig umsetzen kann! Jetzt können Sie Ihre wichtigsten Aufgaben in die Zeiten oder auf Tage legen, in denen am wenigsten Störungen von außen auftreten.

> Berücksichtigen Sie bei Ihrer Planung auch Ihre persönliche Leistungskurve (siehe hierzu ausführlich das Kap. »Den richtigen Zeitpunkt für eine Aufgabe finden«).

- Sprechen Sie sich mit Ihren Vorgesetzten und den Kollegen ab und bitten Sie sie um Unterstützung.

BEISPIEL: ABSTIMMUNG IM TEAM

> Sie können im Team regeln, wer zu welchen Zeiten für den Telefondienst zuständig ist. Alle anderen stellen dann ihre Telefone zum Zuständigen um und können in dieser Zeit ungestört an ihren Aufgaben arbeiten.

Dank solcher Vereinbarungen gewinnen Sie den zeitlichen Freiraum, um in Ruhe arbeiten zu können.

- Wenn Sie in einer wichtigen Aufgabe stecken, die Ihre volle Konzentration benötigt, dann lassen Sie sich am besten von nichts und niemanden stören. Vereinbaren Sie mit Ihren Kollegen eindeutige Signale, die zeigen, dass Sie nicht in Ihrer Arbeit unterbrochen werden möchten. Sie werden sehen: Jeder im Team wird diese Signale zu schätzen wissen und sie über kurz oder lang für sich selbst übernehmen. Denn jeder ist Opfer und zugleich Täter, was Störungen anbelangt. Vielleicht stellen Sie ein Stoppschild auf Ihrem Schreibtisch auf. Oder Sie kleben eine rote Karte an die Bürotür. So weiß jeder sofort, dass Sie in diesem Moment ungestört Ihrer Arbeit nachgehen möchten. Sie könnten auch »Sprechzeiten« einführen. Teilen Sie Ihren wichtigen Kunden (und Kollegen) mit, zu welchen Zeiten Sie sehr gut erreichbar sind. Gerne rate ich den Teilnehmern meiner Workshops, auch mal zum Kopfhörer zu greifen. Nicht etwa, um Musik zu hören, das ist ja nicht an jedem Arbeitsplatz und in allen Firmen erlaubt, sondern um folgendes Signal an das Umfeld zu senden: »Ich bin jetzt nicht ansprechbar. Bitte nicht stören!«

Soziale Netzwerke: Wie Sie die Zeiträuber Twitter, Facebook und Co. in den Griff bekommen

Wir verbringen täglich viele Stunden vor dem Bildschirm unseres PCs, Laptops oder Tablets und dem Display der kleinen handlichen Smartphones. Wir sind jederzeit erreichbar. Wir bekommen immer und überall die neuesten Informationen geliefert. Beruflich wie privat kommunizieren wir über Twitter, Facebook, XING, LinkedIn und viele Kanäle mehr. Viele Menschen lassen sich in die virtuelle Welt der Computerspiele entführen. Die Digitalisierung unseres Lebens ist Segen und Fluch zugleich.

So sind wir zwar jederzeit informiert und können mit anderen immer und überall in Kontakt treten, allerdings heißt das gleichzeitig auch, dass wir dadurch eine ganze Menge an Zeit verlieren.

BEISPIEL: DER WEBDESIGNER

> Vor einigen Jahren bekam ein Webdesigner von mir den Auftrag, meine Webseite auf einen neuen aktuellen technischen Stand zu programmieren. Im Februar fragte ich ihn, wie lange er denn seiner Meinung nach braucht. Er meinte, dass er im April fertig sei. Jetzt halten Sie sich fest: Ende August hatte ich dann endlich das Ergebnis. Immerhin noch im gleichen Jahr! Und das lag nicht daran, dass er so viele andere Aufträge hatte. Ich stellte fest, dass er ständig in sozialen Netzwerken unterwegs war. Er postete laufend Bilder auf Facebook, schrieb Kommentare über Twitter und auf XING. Da wunderte es mich nicht, dass er mit meiner Webseite nicht weiterkam. Meine alte Webseite lief ja noch parallel weiter, deshalb hatte ich keine Eile und konnte dem Treiben gelassen zusehen. Aber ärgerlich war es allemal. Und er merkte nicht mal, wie sehr er seine wertvolle Zeit vergeudete.

In vielen Unternehmen ist es den Mitarbeitern verboten, das Internet am Arbeitsplatz zu nutzen. In wieder anderen Firmen wird die Nutzung eingeschränkt auf berufliche Zwecke. Wenn das auch bei Ihrem Arbeitgeber gilt, dann haben Sie ein Problem weniger. Wenn Sie jedoch keine Beschränkungen haben oder selbstständig sind, könnte es durchaus passieren, dass Sie in die »Sozial Network Falle« tappen. Die folgenden Tipps helfen dabei, ihr zu entgehen.

- Machen Sie sich Notizen, wie oft und wie lange Sie in den Netzwerken verbringen. Schreiben Sie die Uhrzeiten auf. Damit verhindern Sie, dass so ganz nebenbei und unbemerkt zwei oder drei Stunden vergehen, in denen Sie surfen, chatten, Videos anschauen oder gar zocken.

- Legen Sie die Zeit, die Sie für Ihre Social-Media-Aktivitäten aufwenden, am besten ganz bewusst im Voraus fest.
- Schalten Sie hin und wieder Ihr Smartphone und, wenn möglich, Ihr WLAN am PC aus. Vor allem wichtige Aufgaben, die viel Konzentration erfordern, sollten Sie offline erledigen. Sie erliegen damit nicht der Versuchung, sich durch neue Mails oder eine interessante Anzeige auf einer Website oder einen lustigen Post auf Facebook ablenken zu lassen. Gestalten Sie sich ganz bewusst Smartphone- und Internet-freie Zonen und Zeiten. Das fördert Ihre Konzentration und Gesundheit.
- Ich lasse die Beiträge in meinen öffentlich zugänglichen Social Network Accounts von einer langjährigen Mitarbeiterin aktualisieren und kümmere mich selbst nur um die persönlichen Anfragen und Nachrichten. Das spart mir wertvolle Zeit.

E-Mails, Newsletter und Co.

Wir werden heute überflutet mit E-Mails. In Zeitmanagement-Seminaren und vielen Büchern bekommen Sie den Rat, nur zwei- bis dreimal am Tag den elektronischen Posteingang zu öffnen. Das ist im Prinzip durchaus richtig. Jedoch ist das in einigen Jobs nicht möglich, so beispielsweise, wenn die Arbeit via Mails verteilt wird oder der Arbeitgeber schlicht erwartet, dass man sein E-Mail-Postfach öfter checkt.

Aber für all die anderen gilt: Sehen Sie sich Ihre Post nur noch ein paarmal am Tag an. Und dann bitte nicht, wenn Sie sich gerade in Ihrem Leistungshoch befinden!

Ich bekomme manchmal Mails, bei denen ich mich frage: »Ja, warum das denn?!« Denn eigentlich habe ich nur ganz entfernt etwas mit dem Thema zu tun. Und dann stelle ich fest, dass ich mal wieder in den CC-Verteiler gesetzt wurde. Warum auch immer. Vielen Absendern ist gar nicht bewusst, wie viel Zeit und Konzentration man bereits damit verschwendet, wenn man die Betreffzeile liest. Es gibt Menschen, die Mails, die per CC an sie geschickt wurden, gleich löschen. Das ist mutig und vielleicht nicht immer ratsam, wenn dann doch einmal etwas Wichtiges im E-Mail-Text stehen sollte. Besser ist es, den Absender zu bitten, Sie aus dem Verteiler zu nehmen.

Manchmal ist es ja nur die Faulheit, die den Absender davon abhält, seine Verteiler-Daten zu bereinigen. In einem solchen Fall kann man ihn durchaus fragen, wie es ihm geht, wenn er laufend E-Mails bekommt, die sein Aufgabengebiet nur am Rande streifen oder für ihn nicht wichtig sind.

Und dann werden wir noch überschüttet von Werbe-Mails und Newslettern. Brauchen Sie die wirklich alle? Durchforsten Sie solche Mails und fragen Sie sich, ob Sie auf die Informationen angewiesen sind. Bestellen Sie alle Newsletter ab, die dieses Kriterium nicht erfüllen. Diese Aktion kostet zwar etwas Zeit, aber dafür werden Sie danach nicht mehr gestört.

Den richtigen Zeitpunkt für eine Aufgabe finden

Wenn Sie den richtigen Zeitpunkt für eine Aufgabe wählen, haben Sie sehr gute Chancen, sie konzentriert und im Flow mit Spaß und Freude erledigen zu können. Ihre ganz persönliche Leistungsfähigkeit ändert sich nämlich im Laufe des Tages. Wenn sie gerade auf einem hohen Niveau ist, dann haben Sie mehr Energie, Ihre Entschlusskraft ist höher und Sie sind weniger anfällig für Stress. Ihre wichtigsten Aufgaben sollten Sie in solche Hochphasen legen. Nutzen Sie diese wertvolle Zeit. Denn in diesen wenigen Stunden arbeiten Sie viel effizienter, als wenn Sie den ganzen Tag ein bisschen arbeiten würden. Sie sollten sie also nicht durch Quatschen, E-Mails anschauen oder mit Aktivitäten in sozialen Netzwerken vertun.

Sie vermeiden Konzentrations- und Motivationstiefs, wenn Sie Ihren Arbeitsplan Ihrer persönlichen Leistungskurve anpassen. Wissenschaftler haben herausgefunden, dass auf viele Menschen über den Tag gesehen die gleiche Leistungskurve zutrifft. Diese durchschnittliche Kurve steigt morgens steil an und erreicht vormittags von 8 Uhr bis 12 Uhr den Höhepunkt. Sie sackt nach dem Mittagessen bis hin zum Spätnachmittag ab, um gegen Abend nochmals anzusteigen. Der Höhepunkt vom Vormittag wird dabei aber nicht mehr erreicht.

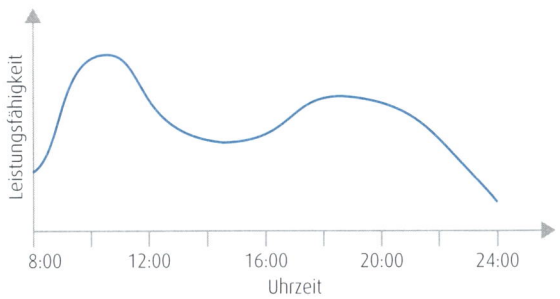

Durchschnittliche Leistungskurve

Um diese Leistungskurve optimal auszunutzen, sollten Sie

- wichtige Arbeiten und Meetings im Leistungshoch am Vormittag erledigen.
- weniger wichtige Tätigkeiten und Routinearbeiten in den Nachmittag verlegen.

Der Abendmensch

Sie schlafen spät ein, werden frühmorgens einfach nicht munter und haben weder Appetit, noch sind Sie besonders gesprächig? Trifft das alles größtenteils auf Sie zu? Dann weicht Ihre Leistungskurve von der des Durchschnitts ab; dann sind Sie wahrscheinlich ein Abendmensch.

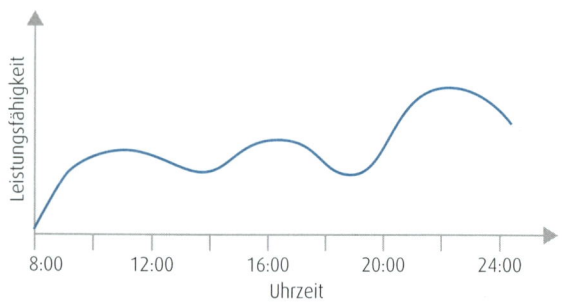

Leistungskurve: Abendmensch

Als Abendmensch sollten Sie

- wichtige, komplizierte oder geistig anstrengende Aufgaben ins Leistungshoch am Nachmittag legen.
- Routineaufgaben am besten morgens erledigen, um in die Gänge zu kommen.
- komplexe Aufgaben, die am nächsten Morgen auf Sie warten, schon am Abend vorbereiten.

BEISPIEL: DER NACHTMENSCH

> Ein junger Mann kam zu mir in die Praxis. Er stand kurz vor seinen wichtigsten Prüfungen. Verzweifelt schilderte er mir seine Lage: »Ich lerne fleißig, habe jedoch das Gefühl, dass das, was ich lerne, nicht in meinem Gehirn haften bleibt.« Ich habe dann mit ihm gemeinsam seine persönliche Leistungskurve erstellt. Heraus kam, dass er ein absoluter Abend-, ja, sogar Nachtmensch ist: Wenn andere schlafen, läuft er zur Höchstform auf. Nachts um ein Uhr ist er superfit. Er verlegte seine Lernphasen in die Nacht. Und siehe da, er tat sich um ein Vielfaches leichter. Es flutschte nur so, und das, was er lernte, blieb auch haften. Seine wichtigen Prüfungen bestand er mit Bravour.

Jetzt werden Sie vielleicht denken: »Na super, ich kann ja jetzt nicht zu meinem Chef gehen und ihm sagen, dass ich ab sofort immer nur nachts oder abends arbeiten will.« Ja, das ist richtig. Wobei das sicherlich auch auf den Job ankommt. In agilen Unternehmen könnte das durchaus möglich sein.

Hier geht es jedoch zunächst nur darum, Ihnen aufzuzeigen, wie wichtig die innere Uhr für die Konzentration, Ihre Aufmerksamkeitsfähigkeit, Ihren Flow und damit letztlich für Ihren Erfolg ist.

Der Morgenmensch

Sie werden häufig lange vor 21 Uhr müde, Gäste sind Ihnen abends nicht so willkommen, dafür sind Sie morgens gleich fit beim Wecken und sofort ansprechbar. Wenn dies größtenteils auf Sie zutrifft, dann sind Sie wahrscheinlich ein Morgenmensch.

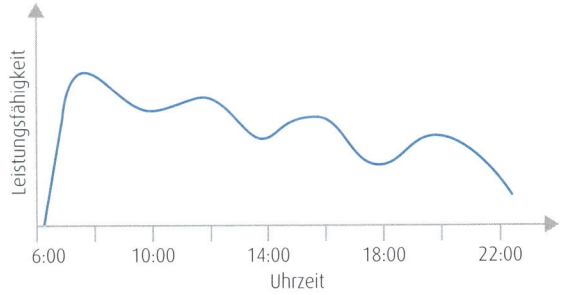

Leistungskurve: Morgenmensch

Als Morgenmensch sollten Sie

- Ihren Arbeitstag möglichst früh beginnen.
- die Stunde vor dem Eintreffen der Kollegen nutzen, um in Ruhe wichtige Arbeiten zu erledigen.
- Routinearbeiten in den Nachmittag legen.

Bedenken Sie: Was Sie morgens nicht schaffen, bleibt liegen.

BEISPIEL: DER MORGENMENSCH

> In einem meiner Zeit- und Selbstmanagement-Seminare war ein Teilnehmer, der in seinem Unternehmen für die Angebotserstellung zuständig war. Er war ein absoluter Morgenmensch. Seinen Arbeitstag begann er bereits um 6 Uhr früh. Wenn er dann in die Firma kam, war er im Großraumbüro noch alleine und hatte die für ihn wichtige Ruhe. Als Erstes beschäftigte er sich immer mit den 50 bis 80 E-Mails, die über Nacht eingegangen waren. Wenn dann gegen 8.30 Uhr die ersten Kollegen eintrudelten, war er gerade so mit seinem Posteingang fertig – und merkte, dass die Luft raus war. Er hatte dann ganz einfach nicht mehr die erforderliche Konzentration und den Drive für seine Hauptaufgaben. Wir trafen die Vereinbarung, dass er für vier Wochen seinen Arbeitsablauf veränderte. Von nun an ließ er bei Arbeitsbeginn um 6 Uhr sein E-Mail-Postfach geschlossen und beschäftigte sich als Allererstes mit seiner Kernaufgabe: den Angeboten. Die E-Mails bearbeitete er erst dann, wenn seine Kollegen im Büro auftauchten. Nach der vereinbarten Zeit rief er mich an und schilderte begeistert: »Ich bekomme meine Aufgaben jetzt viel leichter und schneller erledigt! Und ich habe viel mehr Energie!«

Manchmal sind es nur Kleinigkeiten, die man umstellen muss, damit es um ein Vielfaches besser und leichter läuft.

Ihre persönliche Leistungskurve

Kennen Sie Ihre persönliche Leistungskurve? Sind Sie eher ein Abend- oder ein Morgenmensch? Finden Sie heraus, wann Sie Leistungstiefs und -hochs haben. Erstellen Sie mithilfe der folgenden Tabelle Ihre eigene Leistungskurve. Eine Vorlage zum Download finden Sie unter https://mybook.haufe.de, Buchcode TGA-HL12, Rubrik »Kommunikation & Soft Skills«.

Schätzen Sie zu jeder vollen Stunde Ihre Leistungsfähigkeit auf einer Skala von 0 (= keinerlei Energie) bis 100 (= volle Energie) ein. Tragen Sie Ihr Energielevel bei der jeweiligen Uhrzeit ein und verbinden Sie die Einträge am Ende zu einer Kurve. Machen Sie dies über mehrere Tage und vergleichen Sie die Ergebnisse. So kristallisieren sich allmählich die unterschiedlichen Leistungsphasen heraus.

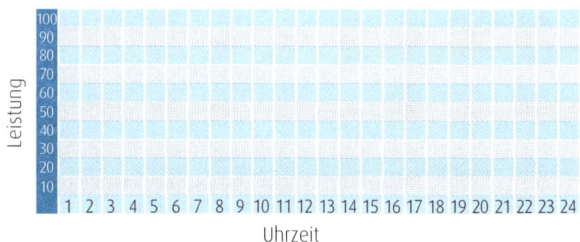

Ihre persönliche Leistungskurve

Wo es sich am besten arbeiten lässt

Für Freiberufler, Selbstständige und Angestellte, die ihre Aufgaben im Homeoffice erledigen dürfen, ist es sehr verlockend, überall in ihrer Wohnung zu arbeiten. Vielleicht sogar im Bett. Das kann aber der Produktivität und auch der Konzentration schaden.

Wählen Sie Ihren Arbeitsort ganz bewusst und sorgfältig aus. Suchen Sie sich den Ort, an dem Sie konzentriert arbeiten können. Die einen brauchen dafür eine möglichst reizarme Umgebung, für wieder andere ist es egal, wo sie sitzen – sie können sich fast überall konzentrieren. Spüren Sie in sich hinein. Vielleicht ist es das Lieblings-Café, vielleicht die Stadtbibliothek, vielleicht aber auch der Küchentisch. Und für alle anderen arbeitenden Menschen gilt: Suchen Sie sich in Konzentrationsphasen einen stillen Arbeitsort, wo Sie keiner ablenken kann und Sie sich wohlfühlen.

> Ein stiller Arbeitsort ist dort, wo tatsächlich völlig Stille herrscht. Selbst tickende Uhren mindern die Konzentrationsfähigkeit.

Manchmal helfen auch ungewöhnliche Methoden, um sich die perfekte Arbeitsumgebung zu schaffen. Das durfte ich selbst erfahren:

Vor einigen Jahren konnte ich mich an meinem Arbeitsplatz im Büro nicht mehr richtig konzentrieren. Wenn ich mich an den Computer setzte, hatte ich innerhalb kürzester Zeit das

Gefühl, dass meine ganze Energie abgesaugt würde. Das hört sich sicherlich ein wenig seltsam an, es war aber so. Zufälligerweise hörte ich in dieser Zeit einen Vortrag von Cornelia Warneke-Winkler. Sie ist Meisterin des chinesisch-geomantischen Feng-Shui. Bis zu diesem Zeitpunkt verband ich mit Feng-Shui nur folgende Assoziation: Ich stelle einen Buddha auf, zünde eine Kerze an und sage Ohhhm. Ich lud Frau Warneke-Winkler trotzdem zu mir ein und stellte fest, dass hinter Feng-Shui weit mehr steckt. Sie berechnete meine Arbeitsplatzsituation und erstellte mir für meine Büroräume eine traditionelle chinesische Feng-Shui-Analyse. Nach ihrer Berechnung gab es starke Störfelder und Reizzonen rund um den Computerarbeitsplatz. Ich hätte jetzt mein Büro räumlich verändern können, was jedoch aus baulichen Gründen nicht möglich war. So haben wir diverse Pflanzen und Steine an meinem Arbeitsplatz positioniert. Und es hat funktioniert! Wie durch Zauberhand war auf einmal wieder meine Energie da und ich konnte konzentriert arbeiten, was noch bis heute anhält.

Gedanken sortieren mit der Disney-Strategie

Walt Disney, der äußerst erfolgreiche Mitbegründer der Disney Company, war ein Mensch mit ausgeprägten Fantasien, Träumen und Visionen. Von ihm stammt eine universelle Kreativitätsstrategie, man nennt sie auch Walt-Disney-Strategie oder die Strategie der drei Stühle. Sie wird auch heute noch von vielen Menschen zur Verwirklichung ihrer Projekte systematisch genutzt, vor allem dann, wenn es um Ideenfindung geht. Jetzt werden Sie sich fragen, was eine Kreativitätsstrategie wie diese mit unserem Thema Konzentration zu tun hat. Diese Frage kann ich Ihnen leicht beantworten: Sie hilft dabei, Ihre Gedankengänge leichter voneinander zu trennen und systematisch zu sortieren. Dadurch kommen Sie schneller ans Ziel. Wenn Sie lernen, bei einer Sache zu bleiben, dann gehen Ihnen die Dinge viel leichter von der Hand – das gilt auch in gedanklichen Prozessen. Sie sind fokussierter und effizienter in Ihrem Tun. Denn wie oft passiert es, dass ein »kritisches Männchen auf der Schulter« einem den Spaß verdirbt und als Quertreiber unterwegs ist, wenn man sich gerade auf eine kreative Aufgabe konzentrieren möchte.

Kommen wir nun zur eigentlichen Strategie, mit der Sie genau dies ausschließen können: Disney war in der Lage, je nach Situation in die passende Rolle zu schlüpfen und so seine Projekte voranzutreiben. Er definierte dafür drei unterschiedliche Positionen:

1. den kreativen Träumer,
2. den realistischen Planer und
3. den konstruktiven Kritiker.

Für jede dieser drei Positionen hatte Walt Disney einen anderen Raum oder Platz, der ihn dabei unterstützte, in einen für die jeweilige Rolle günstigen mentalen Zustand zu gelangen. Um ausgiebig zu träumen und Visionen zu entwickeln, habe er sich in ein Blockhaus an einen kanadischen See zurückgezogen, sagt man. Und wenn er mit seinen Träumen fertig war, dann wechselte er den Ort, um seine Visionen realistisch zu überprüfen und auf den Weg zu bringen. Dort stellte er sich Fragen wie: Ist es machbar? Welche Ressourcen brauche ich? Welche Zeichner? Welche Geldgeber? Und danach war wieder ein anderer Ort angesagt, um in die Rolle des konstruktiven Kritikers zu wechseln.

Nun müssen Sie keine unterschiedlichen Orte aufsuchen, um Ihre Gedanken fokussiert zu halten. Es reichen auch drei Stühle und ein Minimum an Vorstellungskraft.

- **Der Träumerstuhl:** Wenn Sie auf dem Träumerstuhl sitzen, entwickeln Sie Visionen und den Soll-Zustand für die Zukunft. Sie bauen Luftschlösser und sprengen alle Grenzen des Machbaren. Die Vernunft wird dort völlig beiseitegelassen. Es geht hier nur darum, kreativ zu werden und das Ziel positiv zu formulieren.

- **Der Realistenstuhl:** Auf dem Realistenstuhl wird das Beste und vor allem das Machbare aus den Träumen herausgefiltert. Hier geht es darum, den Traum zu einem brauchbaren Plan oder Projekt zu machen. Hier regieren der Verstand und die Logik. Für Träume ist hier kein Platz.

- **Der Kritikerstuhl:** Auf diesem Stuhl wird alles sehr kritisch überprüft. Die Strategie des Kritikers ist, Probleme zu vermeiden. Er betrachtet die Sache von außen, als Zuschauer.

Sie können die Reihenfolge je nach Belieben variieren: Seien Sie zunächst Träumer, dann Realist, dann Kritiker oder drehen Sie die Abfolge um. Ganz wie es Ihnen am besten gefällt.

Konzentration fördern mit Musik – geht das?

Manche Menschen brauchen, um sich konzentrieren zu können, die absolute Stille um sich herum. Wieder andere können gut arbeiten, wenn Musik läuft. Welche Art von Musik Sie wählen, ist Geschmackssache. Von Heavy Metal würde ich jedoch abraten.

In meiner Ausbildung zum wingwave®-Coach habe ich erleben dürfen, wie wingwave-Musik die Konzentration erhöht, den Leistungsstress reduziert und kreative Prozesse fördert. Die wingwave-Methode ist ein geschütztes Verfahren, das im Coaching eingesetzt wird. Es gibt spezielle wingwave-Musik, die aus inspirierenden Klängen, Naturgeräuschen oder positiv ausgleichenden Melodien besteht. Um diese Musik ganz erleben und genießen zu können, ist ein Kopfhörer erforderlich. Sie hören dann einen Links-Rechts-Rhythmus, der die beiden Gehirnhälften auditiv berührt. Diese sogenannte bilateral-auditive Hemisphärenstimulation reduziert den Leistungsstress und hilft, wenn man sich voll auf eine Sache konzentrieren möchte. ... Was meinen Sie, was ich gerade höre? Genau, wingwave-Musik!

Um vom wingwave®-Coaching zu profitieren, kommen Menschen mit ganz unterschiedlichen Anliegen zu mir in die Praxis: so zum Beispiel ein Manager aus Zürich, der seine Flugangst besiegen wollte, eine Teamleiterin, die Angst hatte, vor einer Gruppe von Menschen zu sprechen, eine Schauspielerin, die eine Mikrofon-Phobie hatte, eine Dame, die Lehramt studiert und sich immer wieder vor den wichtigsten Prüfungen die Kraft und Konzentration holt und, und, und.

Auf einen Blick: Wie fokussiertes Arbeiten gelingt

- Wir verstricken uns gerne in Gedankennetzen und -spiralen. Wer darin gefangen ist, kann sich nicht auf das eigentlich Wichtige konzentrieren. Es gibt glücklicherweise wirksame Übungen, sich daraus zu befreien.
- Wer keine Lust auf eine Aufgabe hat, dem fällt es schwer, sich darauf zu fokussieren. Nur allzu gerne lassen wir uns davon ablenken. Höchste Zeit, etwas für die eigene Motivation zu tun. Oft hilft bereits eine kleine Belohnung, um sich selbst zu motivieren.
- Auch die Angst zu versagen, kann sich als Konzentrationskiller entpuppen. Sind wir ängstlich, ist unser Gehirn mit einem Notfallprogramm beschäftigt, das es vom Denken abhält. Oft erzeugen Glaubenssätze und falsche Antreiber, die noch aus unserer Kindheit stammen, die Angst. Wer an diesen hinderlichen Überzeugungen arbeitet, kann sich auf Dauer wieder besser konzentrieren.
- Der Joballtag vieler ist geprägt von einer wahren Aufgabenflut. Unsere Konzentration springt zwischen den verschiedenen Aufgaben hin und her – mit der Folge, dass wir uns auf keine so richtig konzentrieren können. Eine konsequente Priorisierung schafft hier Abhilfe.

Auf einen Blick: Wie fokussiertes Arbeiten gelingt

- Das Smartphone klingelt, der Kollege redet laut, der Chef hat schon wieder eine neue Aufgabe für Sie? Störungen und Unterbrechungen sind im Büro an der Tagesordnung. Zu 100 % verhindern lassen sie sich nicht, aber mit den richtigen Strategien sicherlich auf ein erträgliches Maß reduzieren.
- Jeder Mensch hat zu einer anderen Zeit Konzentrationshochs. Je genauer Sie sich und Ihre Leistungskurve kennen, desto geschickter können Sie Ihre Aufgaben in die passenden Phasen legen.

Power-Nahrung, Pillen und Co.

Der Mensch ist, was er isst – das gilt auch, wenn es um Konzentration geht. Denn mit der richtigen Ernährung lässt sich eine Menge für die grauen Zellen tun.

In diesem Kapitel erfahren Sie u. a.,

- welche Nahrungsmittel optimal für die geistige Leistungsfähigkeit sind,
- welche Vitamine und Mineralstoffe konzentrationsfördernd wirken,
- warum Sie Wunder-Pillen mit Vorsicht oder besser gar nicht genießen sollten.

Konzentrations-Food

Über Ernährung lässt sich ja durchaus streiten. Da gibt es die Alles-Esser, die Vegetarier, die Veganer, die Paleos (Paleo = Steinzeit-Essen), die Frutarier, die sich auf Fallobst beschränken, und viele weitere mehr. Die Form der Ernährung ist Geschmackssache. Was für einen passt, das muss jeder für sich selbst herausfinden. Ich persönlich bevorzuge ernährungstechnisch das Prinzip »Etwas von allem«, also eine ausgewogene und vollwertige Ernährung.

Unser Essen beeinflusst unsere Konzentration viel mehr, als wir glauben. Sich zu konzentrieren, bedarf einer sehr hohen Energieleistung, und die ständig steigenden Anforderungen, denen wir in unserer schnelllebigen, reizüberfluteten und stark leistungsorientierten Gesellschaft ausgesetzt sind, stellen eine große Herausforderung dar. Damit unser Gehirn auch in diesen schwierigen Zeiten gut funktioniert, braucht es die richtigen Lebensmittel, den richtigen Essenszeitpunkt, die richtige Menge an Nahrung und die richtigen Nährstoffe.

Wasser

Wasser stärkt Ihre Gehirnleistung. Unser Körper besteht ungefähr zu 80 % aus Wasser. Wenn wir zu wenig Flüssigkeit zu uns nehmen, dann wird unser Blut dickflüssiger und die feinen Blutgefäße, auch die im Gehirn, werden nicht mehr richtig durchblutet. Dieses Defizit wirkt sich auch auf unsere Denkleistung aus. Um sich fit zu halten, sind mindestens 1,5 Liter Flüssigkeit erforderlich. Mit Flüssigkeit sind übrigens nicht Kaffee oder alkoholische Getränke gemeint, sondern Wasser, leichte Fruchtsäfte und Kräuter- oder Früchtetees. Wenn Sie 2 bis 3 Liter davon am Tag trinken, gewährleisten Sie eine exzellente Gehirnversorgung.

> Was wir tagsüber lernen und uns einprägen, wird erst nachts im Schlaf richtig abgespeichert und im Gedächtnis verankert. Dieser Prozess kann durch Alkoholgenuss am Abend entscheidend gestört werden. Tagsüber mühsam Erlerntes geht verloren, wenn durch Alkohol die nächtliche Verankerung im Gedächtnis behindert wird. Wollen Sie Ihr Gedächtnis möglichst fit halten, sollten Sie sparsam sein mit dem Konsum von alkoholischen Getränken, vor allem am Abend.

Glucose

Alle unsere Organe sind auf Glucose angewiesen, aber in besonderem Maße sind unsere Gehirnzellen von Traubenzucker abhängig. Er ist ein wichtiger Energielieferant, ohne den das Gehirn sterben würde.

Essen wir kohlenhydrathaltige Lebensmittel, gewinnt unser Körper daraus die lebenswichtige Glucose, die unseren Blutzucker- und damit unseren Energiehaushalt steuert. Kohlenhydrate enthalten sehr viele Lebensmittel. Süßigkeiten, die uns besonders gut schmecken, wie zum Beispiel Schokolade, ein Stück Traubenzucker oder Gummibärchen liefern zwar viele Kohlenhydrate, machen leider jedoch nur für einen kurzen Moment fit. Nehmen wir Süßes zu uns, wandeln sich die darin enthaltenen Kohlenhydrate ganz schnell in Zucker um, dementsprechend schnell steigt der Blutzuckerspiegel an. Aber so schnell, wie er ansteigt, fällt er auch wieder in den Keller. Wir werden dann eher müde. Auf die Konzentrationsfähigkeit wirkt sich der vorübergehende »Zuckerschock« leider nicht aus. Früher wurde oft empfohlen, dass man vor einer Prüfung Traubenzucker essen sollte. Und das hilft im ersten Moment auch wirklich. Man ist voller Elan und hochmotiviert. Aber spätestens nach einer Viertelstunde sinkt die Konzentration wieder.

Wählen Sie besser Vollkornprodukte. Diese werden nämlich viel langsamer in Zucker umgewandelt und versorgen deshalb das Gehirn nachhaltig mit Energie.

Ein ausgeglichener Blutzuckerspiegel erhöht die Konzentrationsfähigkeit. Um ihn längerfristig auf einem günstigen Niveau zu halten, ist regelmäßiges Essen wichtig. Experten sind sich uneins, welche Frequenz die beste ist: Manche sagen drei Mahlzeiten pro Tag sind optimal, manche raten dazu, fünfmal zu essen. Meine Empfehlung: Wählen Sie gerade in hohen Konzentrationsphasen mehrere kleine Mahlzeiten mit kohlenhydratreichen Lebensmitteln. Der schlanken Linie zuliebe können Sie ja dann abends die Kohlenhydrate weglassen und dafür den Eiweißkonsum erhöhen.

Eisen

Eisenmangel führt zu Müdigkeit, Leistungsabfall und Konzentrationsschwäche. Vor allem Vegetarier und Veganer, die auf die Eisenlieferanten Fisch und Fleisch verzichten, sollten dafür Sorge tragen, ihren Eisenvorrat hin und wieder aufzufüllen. Abhilfe können hier Rote-Beete-Saft, Haferflocken, grünes Gemüse, Nüsse oder Hülsenfrüchte schaffen. Die Aufnahme von Eisen wird übrigens begünstigt, wenn Sie gleichzeitig Vitamin C zu sich nehmen.

Fette

Unser Gehirn braucht auch Fette, um gut zu funktionieren. Doch sich deswegen jetzt mit fetttriefenden Pommes oder öligen Kartoffelchips vollzustopfen, wäre nicht der richtige Weg. Denn Fett ist nicht gleich Fett.

Die negativen Wirkungen ungeeigneter Fette sollten nicht unterschätzt werden. Der Verzehr von gehärteten Fetten und gesättigten Fettsäuren oder Ölen bringt hohe gesundheitliche Risiken mit sich. Und genau solche Fette finden sich im Knabberzeug – und obendrein noch viel ungesunder Zucker.

Ungesättigte Fettsäuren jedoch sind lebensnotwendig. Sie wirken sich positiv auf das Herz-Kreislaufsystem aus. Hauptlieferanten dafür sind Fleisch, Getreide und Kartoffeln.

Essen Sie Fisch! Denn Fisch ist ein exzellenter Omega-3-Lieferant. Und genau diese Fettsäuren fördern die Problemlösungskompetenz, steigern die Erinnerungsfähigkeit und sind in Lernphasen eine große Unterstützung.

Verwenden Sie gute Öle wie Oliven-, Erdnuss-, Raps- und Distelöl. Auch sie sind reich an ungesättigten Fettsäuren.

Früchte, Gemüse und Nüsse

Erstklassige Energielieferanten fürs Gehirn sind Beeren. Ganz besonders Blaubeeren schreibt man die Stärkung der Denkfähigkeit zu. Im dunklen Farbstoff dieser Früchte stecken sogenannte Anthocyane, die sich günstig auf das Denken auswirken sollen.

Auch Wassermelonen, Ananas, Orangen, Kiwis, Pflaumen, Kirschen, Weintrauben und Äpfeln wird ein positiver Einfluss auf das Gehirn nachgesagt. Besonders wertvoll, wenn es um die geistige Leistungsfähigkeit geht, sind Avocados. Sie haben einen hohen Gehalt an einfach ungesättigten Fettsäuren, die die Durchblutung des Gehirns fördern und zugleich die Gehirnzellen schützen.

Forscher haben herausgefunden, dass Menschen, die häufig Kohl, also beispielsweise Weißkohl, Brokkoli, Rosen- und Blumenkohl, essen, in Gedächtnistests besser abschneiden als andere. Kohlarten scheinen also unserer Merkfähigkeit auf die Sprünge zu helfen.

Essen Sie vor einer Phase, in der Sie sich stark konzentrieren müssen, ein paar Nüsse. In ihnen stecken viele Spurenelemente und Mineralstoffe sowie B-Vitamine. Obendrein enthalten sie Aminosäuren, ungesättigte Fettsäuren, dazu Vitamin E und wertvolles pflanzliches Eiweiß. Diese Wirkstoffkombination versorgt das Gehirn mit reichlich Energie und fördert aus diesem Grund auch besonders gut die Konzentration.

> Versuchen Sie Ihr Essen, so oft es geht, selbst frisch zuzubereiten und verzichten Sie auf Geschmacksverstärker und künstliche Aromen. Hoch verarbeitete Lebensmittel wie Dosensuppen oder die Tiefkühlpizza enthalten meist viel Zucker, gesättigte Fettsäuren und Kohlenhydrate und dafür wenig wertvolle Nährstoffe.

Lebensmittel, mit denen Sie eine gute Gehirnleistung erzielen können

Avocados	Getreideprodukte auf der Basis von Vollkorn	Milch
Bananen	Vollkorn-Haferflocken	Obst (Achtung: sehr viel Fruchtzucker!)
Bierhefe	Hülsenfrüchte	Orangen
Brokkoli	Joghurt	Grünkohl
Blaubeeren	Kartoffeln	Reis
Dunkle Schokolade	Käse	Rote-Beete-Saft
Eier	Kohl	Sojaprodukte
Erbsen	Kopfsalat	Spinat
Erdnüsse	Lachs	Thunfisch
Geflügel	Melone	Truthahn
Gemüse	Nüsse	Honig
Leinsamenöl	Weizenkeimöl	Olivenöl

Natürliche Nahrungsergänzungsmittel

Oftmals sind heute Obst und Gemüse hochgezüchtet. Sie enthalten dadurch nicht mehr so viele Vitamine und Mineralstoffe wie früher. Manche Früchte, wie beispielsweise Bananen oder Ananas, werden in den Anbauländern sogar unreif geerntet und im Container auf die Reise über den großen Teich geschickt.

Wie sollen sich da die Vitamine voll ausbilden? Schon aus diesem Grund kann es zuweilen sinnvoll sein, zusätzlich Vitamine und Mineralstoffe zu sich zu nehmen.

Auch wenn Sie sich richtig ausgewogen, vollwertig und mit Bio-Obst und -Gemüse ernähren, reicht das manchmal nicht aus, um Ihren Körper und das Gehirn ausreichend mit Nährstoffen zu versorgen. So gibt es manche Vitamine und Mineralstoffe, die Sie gar nicht über das normale Essen zu sich nehmen können. Vitamin D zum Beispiel wird nur dann gebildet, wenn die Haut mit Sonnenlicht in Berührung kommt. Deshalb haben wir sehr oft im Winter einen Vitamin-D-Mangel. In der kalten Jahreszeit macht es also durchaus Sinn, zusätzlich ein Vitamin-D-Präparat einzunehmen. Denn ein Mangel kann zu Durchblutungsstörungen führen. Und das wiederum hat natürlich auch Auswirkungen auf unser Gehirn und unsere Konzentration.

Die Vitamine A, C und die verschiedenen B-Vitamine sind ebenfalls für die Konzentration sehr wichtig. Auch Omega-3-Fettsäuren haben eine positive Wirkung auf die geistige Leistungsfähigkeit.

Es ist gar nicht so einfach, wenn man selbst die für sich passende Kombination an Vitaminen und Mineralstoffen zusammenstellen möchte. Es gibt diverse Pflanzen- und Vitalstoffkombinationen, welche die Konzentration und mentale Fitness verbessern, die jedoch nicht mit den Nebenwirkungen von »Smart Pills« (siehe hierzu näher das Kap. »Brain Booster – Konzentrationsdoping mit Pillen«) behaftet sind. Sie werden als

Nahrungsergänzungsmittel angeboten. Für die Konzentration im Berufsleben bieten sich Kombi-Präparate an, die nicht nur einen Vitamin-B-Komplex, sondern unter anderem auch Magnesium, Thiamin, Biotin und Taurin beinhalten – eine Mischung, die nach Auskunft der Neurostress-Experten Dr. Wilfried P. Bieger und Dr. Annemarie Neuner besonders wirksam ist. Taurin kennen Sie vielleicht von Energy Drinks. Wenn Sie dagegen in einer Prüfungsvorbereitung stecken, dann brauchen Sie möglicherweise eine andere Zusammenstellung von Vitaminen und Mineralstoffen. Es gibt mittlerweile Hersteller, die Vitamine und Mineralstoffe individuell und nach Bedarf kombinieren.

Mehr Konzentration dank Pflanzen

Es gibt zahlreiche Pflanzen, die bekannt dafür sind, sich günstig auf unsere Konzentration auszuwirken. Bei einigen ist die konzentrationsfördernde Wirkung sogar wissenschaftlich belegt.

Ginkgo

Ginkgo-Extrakt hat den Ruf, die Konzentrationsfähigkeit deutlich zu steigern. Aber bitte fangen Sie jetzt nicht gleich an, Blätter der auch hierzulande heimischen Ginkgobäume zu sammeln. Denn die darin enthaltene Ginkgolsäure kann Allergien auslösen. Schwangere sollten sowieso auf Ginkgopräparate verzichten. Und wer blutverdünnende Medikamente einnimmt, sollte sie nur in Absprache mit dem Arzt anwenden. Denn die Heilpflanze kann den Effekt der Blutgerinnungshemmer verstärken. Wenn Sie nicht schwanger sind und keine blutverdünnenden

Medikamente einnehmen, dann ist ein Gingkopräparat sicher sinnvoll.

Rhodiola oder Rosenwurz: nachweislich wirksam

Eine der Pflanzen mit hohem Anteil an bioaktiven konzentrationssteigernden Anteilen ist die Rhodiola rosea. Die auch Rosenwurz genannte Pflanze aus der Familie der Dickblattgewächse hat ihre Heimat vor allem in den kalten Hochebenen Nordeuropas und Asiens. Rhodiola wird sehr gerne in der traditionellen russischen Naturheilkunde als leistungssteigerndes und konzentrationsförderndes Mittel eingesetzt. Die Pflanze verbessert nachweislich die mentale Stabilität und die Stressverarbeitung, indem sie die Belastungs- und Stressresistenz erhöht. Sie gilt als sogenanntes Adaptogen. So werden bioaktive Pflanzenstoffe genannt, die die Anpassung an physische und emotionale Stresssituationen verbessern. Der Name kommt von dem englischen Wort »adapt«, was »anpassen« bedeutet. Diesen Anpassungseffekt erreicht der Rosenwurz deshalb, weil die in ihm enthaltenen Wirkstoffe zu einer Änderung in der Ausschüttung von Gehirnbotenstoffen wie Serotonin oder Dopamin sowohl im Gehirn als auch im autonomen Nervensystem führen. Letzteres stellt die Verbindung zwischen zentralem Nervensystem und den Organen her und kann nicht bewusst gesteuert werden. Es reguliert die Vitalfunktionen und die Aktivität unserer Organe.

Kleiner Pilz mit großer Wirkung: Igelstachelbart

Ein weiteres Tonikum für die Nerven sind Substanzen, die im Pilz Hericium erinaceus, wegen seines eigenartigen Aussehens auch Igelstachelbart, Affenkopfpilz und Löwenmähne genannt, enthalten sind. Man findet ihn in kalten Gebieten Europas, Nordamerikas und Asiens. Er lebt vor allem auf Laubholz. Im Gegensatz zu verwandten Arten ist er essbar. Manche sagen, er sei eine Delikatesse. Vor allem in der traditionellen chinesischen Medizin wird der Pilz eingesetzt bei Stress, Ängsten und Gedächtnislücken. Besonders wenn sich Stress auf das Verdauungssystem schlägt, wirkt der Pilz ausgleichend.

Koffein

Koffein stimuliert das zentrale Nervensystem und verbessert auch unsere Gehirnfunktionen. Es ist ein mildes Stimulans, das nicht nur in der Kaffeebohne, sondern auch in einigen anderen Pflanzen vorkommt. Die amerikanische Food-and-Drug-Behörde berichtet, dass ganz spezielle Gehirnareale, die verantwortlich für Gedächtnis und Konzentration sind, durch Koffein aktiviert werden. 2008 fanden Wissenschaftler heraus, dass Koffein auch bei Sportlern bereits in geringer Dosierung die Konzentration und die Trainingsintensität verbessert. Die bekannteste koffeinhaltige Pflanze neben der Kaffeebohne ist Guarana, eine Kletterpflanze vom Amazonas. Deren Samen enthält etwa viermal mehr Koffein als Kaffeebohnen.

Brahmi

Ein Mittel, das schon seit über 3000 Jahren in der indischen Heilkunst (Ayurveda) angewandt wird, ist Bacopa Monnieri, auch Brahmi genannt. Das ist eine Pflanzenart, die der Gattung Fettblätter (Bacopa) untergeordnet ist und zu der Familie der

Wegerichgewächse gehört. Brahmi-Präparate werden auch in Europa zunehmend bekannter und beliebter, was wohl an ihrer positiven Wirkung auf das Denk- und Lernvermögen liegt. Die Pflanze liefert Energie für das Gehirn und unterstützt das Kurz- und Langzeitgedächtnis.

Extrakick für die Konzentration: Mikronährstoffpräparate

Oben ist es schon angeklungen: Konzentrationsprobleme entstehen auch dann, wenn unser Körper nicht ausreichend mit Nährstoffen versorgt ist. Selbstverständlich fallen darunter auch die Mikronährstoffe, wie beispielsweise Aminosäuren, die unser Körper aus Eiweiß gewinnt, oder Mineralien und Vitamine. Es gibt mittlerweile viele Unternehmen, die sich auf die Herstellung solcher Mikronährstoffpräparate spezialisiert haben. Sie führen dem Körper eine Extraportion dieser natürlichen Stoffe zu.

L-Tyrosin

Dopamin, Noradrenalin und Adrenalin gehören zu einer Klasse von körpereigenen Botenstoffen, die in der Nebenniere gebildet werden und anregend auf Herzfunktion, Stimmung, Konzentration und Aufmerksamkeit wirken. Die Produktion dieser Stoffe ist wiederum abhängig von der Bereitstellung von ausreichend L-Tyrosin. L-Tyrosin ist eine Aminosäure. Doch nicht nur diese Aminosäure ist wichtig. Damit die Umwandlung reibungslos funktioniert, müssen auch Vitamine wie B6, Folsäure, aber auch das Mineral Magnesium in ausreichender Menge zur Verfügung stehen (siehe hierzu weiter unten).

L-Glutamin
Die Aminosäure L-Glutamin ist im gesamten Körper, in besonders hoher Menge aber in Lunge, Leber, Fettgewebe und im Gehirn zu finden. Sie wird nicht nur über die Nahrung aufgenommen, sondern wird auch aus einer weiteren körpereigenen Aminosäure, der Glutaminsäure, gebildet. Im Gehirn wird L-Glutamin dazu verwendet, sowohl den Botenstoff L-Glutamat als auch den beruhigend und muskelentspannend wirkenden Botenstoff GABA (Gamma-Aminobuttersäure) zu produzieren. Das L-Glutamat ist für Wahrnehmung, Lernen und Gedächtnis zuständig. Ein Gleichgewicht zwischen diesen beiden wichtigen Gehirnbotenstoffen ist für den Stressabbau und die Konzentration notwendig.

Cholin
Cholin ist ein essentieller Baustein des Neurobotenstoffs Acetylcholin, der verantwortlich für die effektive Bildung von Verbindungen zwischen den Nervensträngen und somit für Gedächtnis und mentale Klarheit ist.

Magnesium
Magnesium ist das wichtigste Mineral für eine adäquate Wahrnehmung, vor allem wenn Aufregung und Angst die Sinne trüben. Denn der Mineralstoff verbessert die sogenannte Neuroplastizität. Darunter versteht man die Fähigkeit des Gehirns,

ständig neue Gehirnzellen und neue Nervenverbindungen zu bilden.

B-Vitamine und Folsäure

Wenn der Vitamin-B6-, B12- und Folsäure-Spiegel zu niedrig ist, dann beeinträchtigt das die Wahrnehmung. Ein Mangel an Vitamin B12, das auch als Nervenvitamin bezeichnet wird, kann zusätzlich für depressive Verstimmungen sorgen. Für eine gesunde mentale Fitness ist das Zusammenspiel dieser Vitamine von großer Bedeutung. Denn für die Bildung von Gehirnbotenstoffen wie Serotonin, Dopamin oder Noradrenalin ist ein optimaler B-Vitaminspiegel notwendig.

Brain Booster – Konzentrationsdoping mit Pillen?

In den 1960er-Jahren versuchte man, mit LSD und Meskalin die Gefühlswelt zu erforschen. In den 1980er-Jahren war Kokain in. Dann folgte Ecstasy. Und heute? Braucht es heute die sogenannten Brain Booster oder Smart Pills, um in der realen Welt besser zu bestehen? Tobias Moorstedt hat sich in seinem Artikel »Per Pille zum Superhirn«, der auf »Focus online« zu lesen ist, mit solchen Lern- und Leistungsdrogen beschäftigt. Er hat in einem Selbstversuch zehn Wochen lang Modafinil getestet, das ursprünglich zur Behandlung von Narkolepsie eingesetzt wurde, zunehmend jedoch zur kognitiven Leistungssteigerung verwendet wird – übrigens auch vom US-Militär. Moorstedt kam zu dem Ergebnis, dass die Substanz einen kontinuierlichen Workflow ermöglicht, man jedoch den Willen aufbringen muss, eine Aufgabe zu lösen. Wenn die Wirkung des Präparats nachlässt, bleiben ein leises Sehnen nach dem nächsten Energieschub und der Klarheit des Tunnelblicks, der durch das Modafinil entsteht. Die Frage nach der Suchtgefahr ist übrigens nicht abschließend geklärt, wobei mittlerweile ein gewisses Abhängigkeitspotenzial nachgewiesen wurde.

Es gibt durchaus neben Modafinil auch noch weitere Substanzen, die Ihre Konzentration und Leistungsfähigkeit steigern können, aber ein Risiko für Ihre Gesundheit darstellen und langfristig sogar Ihrem Gehirn eher schaden als nützen. Die Medikamente Ritalin, Ephedrin und Amphetamin wurden ursprünglich zur Behandlung von Alzheimer, Depressionen, des Aufmerksamkeitsdefizitsyndroms oder Schlafstörungen entwickelt. Auch sie werden heute von gesunden Menschen zum sogenannten Gehirndoping verwendet. Diese Mittel haben jedoch gravierende Nebenwirkungen: erhöhter Bluthochdruck, Appetitmangel, Schlaflosigkeit, Übelkeit, Wachstumsstörungen, Depressionen – um nur einige zu nennen. Lesenswert ist in diesem Zusammenhang der Artikel von Nina Marie Bust-Bartels in ‚Der Zeit'. Unter dem Titel »Ritalin: Auf den Lernrausch folgt die Einsamkeit« beschreibt die Autorin, wie ein Jurastudent Ritalin schluckt, um seine Leistung zu steigern, und wie letztlich die Nebenwirkungen seine Persönlichkeit verändern.

Ich würde zu keiner Smart Pill greifen, um eine Leistungssteigerung zu erzielen. Entscheiden muss das jeder aber letztlich für sich selbst. Wie heißt es so schön in der Werbung: »Zu Risiken und Nebenwirkungen fragen Sie Ihren Arzt oder Apotheker.« Gesunde Ernährung, mit ergänzenden Vitaminen und Mineralstoffen sowie die eine oder andere Konzentrations- oder Aufmerksamkeitsübung, Entspannung und Stressabbau reichen meines Erachtens völlig aus.

> **Auf einen Blick: Power-Nahrung, Pillen und Co.**
> - Essen Sie (sich) aufmerksam! Es gibt viele Lebensmittel, die sich günstig auf unsere Konzentrationsfähigkeit auswirken. Dazu zählen beispielsweise Nüsse, Avocados, Bananen und Hülsenfrüchte.
> - Trinken Sie sich schlau! Wasser ist quasi das Schmiermittel für unseren Denkapparat. Ohne eine ausreichende Flüssigkeitsversorgung funktioniert er gar nicht gut.
> - Zahlreiche natürliche Nahrungsergänzungsmittel, so z. B. Essenzen aus bestimmten Pflanzen oder Pilzen, und sogenannte Mikronährstoffpräparate wirken nachweislich konzentrationsfördernd. Welche das richtige für Sie ist, sollten Sie gemeinsam mit Ihrem Arzt entscheiden.
> - Finger weg von Wunderpillen! Die sog. Smart Drugs, die uns klüger, leistungsfähiger und konzentrierter machen sollen, haben meist üble Nebenwirkungen.

Fitnesstraining für eine bessere Konzentration

Konzentration lässt sich trainieren. Es ist wie beim Sport: Wer regelmäßig ein wenig Zeit und Energie investiert, verbucht bald schon erste Erfolge.

In diesem Kapitel finden Sie effektive, leicht umsetzbare und bewährte Übungen, mit denen Sie Ihre Konzentrationsfähigkeit Schritt für Schritt verbessern und steigern.

Konzentrationsübungen

Mit den folgenden Übungen können Sie Ihre Konzentrationsfähigkeit trainieren. Suchen Sie sich aus dem bunten Strauß an Trainingseinheiten diejenigen aus, die Ihnen am besten gefallen, und praktizieren Sie sie regelmäßig.

Der starre Blick

Diese Übung ist einfach, jedoch sehr effektiv. Suchen Sie sich einen Punkt an der Wand, auf Ihrem Computerbildschirm, im Raum oder in der Landschaft und fixieren Sie ihn. Starren Sie ihn regelrecht an und tun Sie ganz bewusst nichts anderes, als zu starren und in Ihrem natürlichen Atemfluss zu atmen. Bleiben Sie einige Zeit dabei und lassen Sie den Punkt dann ganz bewusst wieder los.

Zählen

Schließen Sie die Augen und zählen Sie langsam von 1 bis 100.

Kommen Sie bei 100 an, ohne dass Ihre Gedanken abschweifen oder Sie den Faden verlieren? Wenn es Ihnen noch zu schwerfällt, ohne ablenkende Gedanken bis 100 zu zählen, versuchen Sie es mit einer kleineren Zahl und steigern Sie sich dann allmählich.

Die Zwei-Quadrate-Übung

Ziel dieser Übung ist es, eine Entspannung und Synchronisation der Hirnhälften herbeizuführen. Führt man die Übung über längere Zeiträume aus, fördert das bewusstseinserweiternde Zustände. Insbesondere vor dem Einschlafen ist die Übung sehr wirksam. Sie regt das sogenannte luzide Träumen an, bei dem Sie ganz bewusst träumen und damit Ihren Traum mitgestalten können – auch Klartraum genannt.

Die Übung bietet sich nicht nur vor dem Schlafengehen an, sondern auch

- vor einem wichtigen Gespräch und vor einer Prüfung,
- bei Stress und Druck,
- vor mentalen Übungen und
- bei Konzentrationsschwäche.

Betrachten Sie die zwei Quadrate. Wenn Sie nun leicht mit den Augen schielen, sehen Sie ein virtuelles drittes Quadrat in der Mitte. Es scheint aus der Bildebene herauszutreten. Zunächst springt jedoch die Wahrnehmung zwischen den beiden Farben Schwarz und Grau hin und her. Mit der Zeit bildet sich ein dritter Farbton heraus und das Bild kommt langsam zum Stehen.

Der Fünf-Minuten-Deal

Häufig ist nicht die Aufgabe selbst das Problem, sondern das Anfangen, das Reinkommen. Diese Übung, die von dem Ex-Leistungssportler und Motivations-Coach Steffen Kirchner stammt, macht sich das Prinzip »Der Appetit kommt beim Essen« zunutze. Sie erleichtert also das Anfangen. Bei dieser Mentaltechnik verspricht man sich, zumindest 5 Minuten lang an der Aufgabe zu arbeiten. Hat sich danach keine »echte« Motivation eingestellt, hört man auf. Der Hintergrund ist klar: Wenn man erst einmal in Bewegung ist, stellt man fest, dass die Aufgabe gar nicht so schwierig oder doof ist, wie erwartet, und führt sie dann doch zu Ende.

So gehen Sie vor:

1. Legen Sie sich alles, was Sie zur Erledigung der Aufgabe brauchen, zurecht.

2. Versprechen Sie sich: »Ich versuche, 5 Minuten lang an der Aufgabe zu arbeiten. Erst danach entscheide ich, ob ich aufgebe.«

3. Fangen Sie mit der Bearbeitung an.

4. Halten Sie sich an den Deal mit sich selbst, lassen Sie während der 5 Minuten keine Ablenkungen oder störenden Gedanken zu und jammern Sie nicht.

5. Nach 5 Minuten machen Sie entweder weiter (was häufig der Fall sein wird – das ist der Mehrwert dieser Methode), oder Sie hören tatsächlich erst einmal auf.

Hypnose

Einigen meiner Klienten habe ich eine ganz einfache und wundervolle Technik beigebracht, um sich besser konzentrieren zu können: Selbst-Hypnose.

Das Wort Hypnose lässt Sie skeptisch werden? Keine Sorge, das geht nicht nur Ihnen so. Viele Menschen stehen dem Thema Hypnose interessiert, neugierig und gleichzeitig ängstlich und zwiespältig gegenüber. Dass sie ängstlich sind, wenn es um Hypnose geht, liegt nicht zuletzt daran, dass es bizarre Bühnenshows gibt, in denen hypnotisierte Menschen lächerliche Dinge tun: wiehern wie ein Pferd, Gegenstände apportieren wie ein Hund oder in saure Zitronen beißen in der suggerierten Ansicht, dass es ein leckerer süßer Apfel sei. Zum anderen kursiert auch die Meinung, dass ein Hypnotiseur – ich benutze das Wort Hypnotiseur jetzt ganz bewusst – in der Lage ist, Menschen so zu manipulieren, dass sie sozusagen willenlos sind.

Tatsächlich muss man zwischen drei Begriffen unterscheiden: Hypnose, Trance und Suggestion. Hypnose ist für mich eine Methode, eine Technik, mit der ein veränderter Bewusstseinszustand induziert, das heißt herbeigeführt, wird: Mit einer bestimmten Sprache und mit einem Verfahren der Aufmerksamkeitseinengung wird ein bestimmter Trancezustand erreicht. Hypnose ist also die Technik, mit der eine Person in den Trancezustand versetzt wird. Trance ist vergleichbar mit dem Zustand, in dem Sie sich morgens nach dem Aufwachen befinden, wenn Sie noch nicht so ganz wach sind und dann wieder in einen leichten Schlaf fallen. Jeder Mensch ist übrigens täglich mehrmals in einem tranceähnlichen Zustand. Auch Sie, und zwar immer dann, wenn Sie in Ihren Tagträumen dahindösen oder Sie das Zeitgefühl verloren haben. In der Trance selbst erlebt man subjektive, persönliche Veränderungen: Einengung der Aufmerksamkeit, Veränderung der Körperwahrnehmung, intensivere Vorstellungsaktivität, veränderte Zeitwahrnehmung, eine größere Nähe zu Gefühlen und vieles mehr.

Eine gewisse Art von Trance lässt sich auch mit anderen Methoden als der Hypnose erzielen, nämlich mit Autogenem Training, Meditation, Progressiver Muskelentspannung, Yoga usw.

Wenn die Trance eintritt, dann beginnt der Hypnotherapeut mit dem sogenannten Suggestionsteil. In diesem Teil der Hypnose wird dann an dem Thema des Klienten gearbeitet. Die Themen, die unter Hypnose bearbeitet werden können, sind so vielschichtig, wie es Menschen gibt. Hier ein paar Beispiele: Unterstützung bei der Zielerreichung oder bei Krankheiten, zur Konzentrationssteigerung oder einfach nur zur Entspannung.

Und weil Menschen so unterschiedlich sind, wird die Suggestion direkt für diesen speziellen Klienten persönlich aufbereitet. Sie merken: Hier geht es nicht um Showhypnose, sondern um ein Verfahren, das den Menschen ganz gezielt und fokussiert bei seinem Thema, bei seinem Problem unterstützt.

Bei der Technik der Selbst-Hypnose handelt es sich um eine leichte Hypnose. Sie sind ansprechbar und können jederzeit abbrechen.

Selbst-Hypnose läuft ungefähr so ab: Sie richten Ihre Aufmerksamkeit auf das, was Sie im Augenblick sehen, hören und fühlen. Danach stellen Sie sich eine bestimmte Situation vor, so zum Beispiel ein angenehmes Erlebnis. Das kann ein schönes Urlaubserlebnis sein oder ein Moment der Erholung. Was sehen, hören, fühlen Sie? Und dann zählen Sie von 1 bis 20. Fertig. Na ja, ganz so einfach ist es nicht. Wenn Sie mehr dazu wissen wollen, bietet sich ein entsprechendes Coaching an.

Life Kinetik

Life Kinetik ist spielerisches Gehirntraining. Es verbindet Bewegung mit kniffligen Aufgaben für das Gehirn. Life-Kinetik-Übungen schaffen neue Verbindungen zwischen den Gehirnzellen und wecken damit das geistige Potenzial, das in uns steckt. Außerdem machen sie Spaß, wie beispielsweise die folgende wunderbare Konzentrationsübung.

ABC-Übung

Kopieren Sie sich die Grafik, laden Sie sie über https://mybook.haufe.de, Buchcode TGA-HL12, Rubrik »Kommunikation & Soft Skills«, herunter oder malen Sie sich das Alphabet mit den Buchstaben darunter auf ein DIN A4- oder DIN A3-Blatt. Hängen Sie es sich auf Augenhöhe an die Wand.

A	B	C	D	E
L	R	Z	R	Z

F	G	H	I	J
L	L	R	Z	R

K	L	M	N	O
L	R	Z	L	R

P	Q	R	S	T
Z	R	L	R	Z

U	V	W	X	Y
Z	R	L	R	Z

Lesen Sie die jeweils oberen Zeilen, also die Buchstaben des Alphabets, laut vor und führen Sie gleichzeitig zu jedem Buchstaben eine Bewegung aus.

Die Buchstaben und ihre Bedeutung

L   linken Arm seitlich kurz hochnehmen
R   rechten Arm seitlich kurz hochnehmen
Z   beide Arme seitlich kurz hochnehmen

Eine schöne Alternative ist es, die Beine mit einzusetzen:

L   linkes Bein
R   rechtes Bein
Z   hüpfen oder beide Arme gleichzeitig

Wenn die Übung zu leicht ist, verschärfen Sie das Tempo oder machen Sie die Aufgabe rückwärts von Z bis A oder von oben nach unten oder von unten nach oben.

Diese Übung macht übrigens auch zu zweit oder in der Gruppe sehr viel Spaß.

Farbenübung
Eine weitere tolle Life-Kinetik-Übung, die sogenannte Farbenübung, können Sie sich über https://mybook.haufe.de, Buchcode TGA-HL12, Rubrik »Kommunikation & Soft Skills«, herunterladen.

Memory® spielen

Spielen Sie öfter mal Memory®. Ja, Sie haben richtig gelesen! Memory®. Denn es ist ein tolles Konzentrationstraining. Und Spaß macht es auch noch.

Ein sehr guter Freund von mir ist ein absoluter Memory®-Meister. Er verbindet einmal aufgedeckte Bilder und Zahlenreihen mit Geschichten und findet mit dieser Strategie jedes Paar.

Übrigens: Es gibt diese Spiele nicht nur mit Bildern, sondern auch Klang-Memorys – eine wirklich schöne Alternative, die den Gehörsinn schärft.

Kreuzworträtsel auf Zeit lösen

Nehmen Sie ein Kreuzworträtsel, ein Sudoku oder ein Bilderrätsel zur Hand. Stellen Sie eine Eieruhr auf 5 Minuten. Versuchen Sie in dieser Zeit so viel wie möglich vom Rätsel zu lösen.

Neun Punkte

Rätsel wie dieses schulen unsere Konzentration.

Verbinden Sie alle neun Punkte mit vier geraden Linien, wobei Sie den Stift nicht absetzen dürfen.

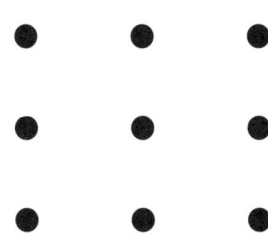

Zahlenspurt rückwärts

Mit dieser Übung erhöhen Sie Ausdauer und Konzentration. Zugleich trainieren Sie die Schnelligkeit der Abläufe in Ihrem Denkapparat.

Verbinden Sie die Zahlen von 1 bis 58 miteinander. Beginnen Sie mit der 58. Führen Sie diese Übung zunächst nur mit den Augen durch. Danach verbinden Sie die Zahlen mit einem Stift.

```
17      19      6       31      56      9
    35      36      51      42      38
37      50      40      39      48
    34      20      21          32
24      27      25      1               23
    49  53      12          4       47
28  14  43      15      18      46
    22      58      13      7       8
45      29      52          10      55
    57      16      44      2           30
11          3   54          41      5
```

Welche zwei Zahlen fehlen hier? ⇨ ....

Rückwärts zählen

Zählen Sie von 100 bis 0 rückwärts. Wenn Ihnen das zu langweilig ist oder Sie es gerne etwas anspruchsvoller möchten, dann zählen Sie doch mal in einer Fremdsprache rückwärts.

Rückwärts schreiben

Vielleicht haben Sie es als Kind schon einmal ausprobiert, heute sollten Sie es auch mal versuchen: rückwärts Schreiben, und zwar mit der Hand, nicht am PC via Tastatur.

Schreiben Sie die Wörter von hinten nach vorne, also von rechts nach links, so dass der Anfangsbuchstabe hinten steht. Sie können davon ausgehen, dass das nicht auf Anhieb gelingen wird. Diese Übung schult nicht nur die Konzentration; sie hat auch Unterhaltungswert, denn es ist spannend und amüsant, was dabei herauskommt.

Wörter

Hören Sie sich ein paar Minuten lang eine Radio- oder Fernsehsendung an. Beschließen Sie dann, auf welches Wort Sie sich konzentrieren wollen, so z.B. auf »und«, »ich«, »grundsätzlich«, »gerne« oder »heute«. Zählen Sie mit, wie oft das von Ihnen gewählte Wort in einem vorab bestimmten Zeitraum, so z.B. 15 oder 30 Minuten, fällt.

Finger-Qi-Gong

Das Finger-Qi-Gong nach Awai Cheung ist eine wunderbare, spielerische Übung, die die Konzentration fördert. Zudem regt es beide Gehirnhälften an.

Beide Hände machen jeweils die folgenden Bewegungen:

1. Der Kreis: Daumen und Zeigefinger einer Hand berühren sich, bilden also einen Kreis. Die drei anderen Finger bleiben gestreckt.
2. Das Victory-Zeichen: Zeige- und Mittelfinger strecken sich V-förmig nach oben, die anderen Finger werden eingeklappt, wobei der Daumen den Ringfinger berührt.

Der Daumenkreis und das Victory-Zeichen werden nun mehrmals hintereinander abwechselnd gemacht. Steigern Sie von Mal zu Mal die Geschwindigkeit.

Fällt Ihnen dies zunehmend leichter, erhöhen Sie den Schwierigkeitsgrad: Die eine Hand bildet den Daumenkreis, die andere das Victory-Zeichen.

Wenn auch diese Übung auf Dauer zu einfach wird, kann man noch eine dritte Figur hinzunehmen:

3. Dieses Mal wird nur der kleine Finger nach oben gestreckt, die anderen Finger bleiben eingeschlagen.

Nun werden alle drei Fingerübungen im fliegenden Wechsel ausgeübt.

Fingerspitzen-Übung

Legen Sie die Finger der rechten Hand zusammen. Knicken Sie dann die Finger an den Fingerwurzeln ab, so dass die Hand eine Ecke und die Finger eine Linie bilden. Legen Sie deren Fingerspitzen nun genau in die Mitte der linken Handfläche, so dass ein T entsteht. Lenken Sie nun Ihre Gedanken genau an diese Stelle und stellen Sie sich vor, dass Sie damit dort Ihre Energie bündeln. Nach einer Minute wechseln Sie die Hände.

Man sagt, dass dies eine beliebte Übung bei chinesischen Generälen und deren Soldaten war, mit der sie ihre Kraft fokussierten, um sie dann schnell und zielgenau einsetzen zu können.

Power-Augenübung

Sie können Ihr Gehirn durch Augenbewegungen mit Energie aufladen, indem Sie in einer schnellen Frequenz abwechselnd nach oben und unten blicken. Das glauben Sie nicht? Probieren Sie es aus!

- Suchen Sie sich eine Wand im Raum aus und stellen Sie sich davor. Ihr Abstand zur Wand sollte so sein, dass Sie die obere und untere Kante nur dann sehen, wenn Sie die Augen entweder vollständig nach oben oder nach unten drehen.
- Schauen Sie nun abwechselnd einmal zur oberen, dann zur unteren Kante der Wand. Achten Sie darauf, dass Ihr Kopf dabei stets vollkommen gerade bleibt. In Bewegung sind nur die Augen, nicht der Kopf. Die Frequenz, in der Sie die Augen einmal vollständig nach oben und nach unten drehen, sollte schneller als 1 Sekunde sein.
- Führen Sie diese Augenbewegung zehn bis 20 Mal durch.

Sie werden feststellen: Das Gehirn wird aktiver. Sie werden viel wacher und das Arbeiten fällt Ihnen wieder leichter.

Augenübung für Konzentration, kreatives Denken und zur Stimulierung der Sinnessysteme

Suchen Sie sich einen weit entfernten Gegenstand aus und stellen Sie sich vor, dass dieser Gegenstand im Zentrum einer großen analogen Uhr ist.

Halten Sie den Kopf und die Schultern ruhig und bewegen Sie nur Ihre Augen – so weit, wie es Ihnen bequem möglich ist – in Richtung 9 Uhr. So, als wollten Sie Ihr linkes Ohr anschauen. Halten Sie diese Muskelspannung einige Sekunden. Fokussieren Sie dabei nichts. Blicken Sie nun wieder zurück in die Mitte der Uhr.

Verfahren Sie genauso bei 10 Uhr. Halten Sie einige Sekunden die Spannung und blicken Sie dann wieder zurück zur Mitte der Uhr. Dann schauen Sie in Richtung 11 Uhr. Wieder die Spannung einige Sekunden halten und dann wieder zur Uhrmitte zurückschauen. Blicken Sie dann zur 12, also in Richtung Stirn.

Machen Sie nun im Uhrzeigersinn weiter, bis Sie wieder bei 9 Uhr angelangt sind.

Führen Sie die Übung langsam und konzentriert durch. Strengen Sie sich dabei nicht an und forcieren Sie nichts. Falls eine Bewegung schmerzhaft ist oder Sie sich irgendwie unbehaglich fühlen, hören Sie auf und machen ein anderes Mal weiter. Oder Sie fahren nach einer kurzen Pause mit der Übung fort.

Brain-Gym®

Brain-Gym® ist eine sehr effektive Methode, um die Lern-, Konzentrations- und Gehirnleistung zu aktivieren und zu verbessern. Gail E. und Paul E. Dennison haben sie in den 1960er-Jahren entwickelt, um Menschen jeglichen Alters das Lernen leichter zu machen. Bei der Gehirngymnastik geht es nicht um

Denksportaufgaben, sondern um aktive körperliche Bewegung, welche die beiden Gehirnhälften aktiviert.

Fangen wir mit einer ganz klassischen Brain-Gym®-Übung an, einer Überkreuzübung.

Überkreuzübung
Stellen Sie sich aufrecht hin – und schon geht es los: Wir marschieren auf der Stelle und berühren dabei abwechselnd mit jeder Hand das gegenüberliegende Knie. Linkes Knie anziehen – mit der rechten Hand das Knie berühren. Und umgekehrt: rechtes Knie nach oben und mit der linken Hand berühren. Machen Sie das nun abwechselnd jeweils zehn Mal. Linkes Knie – rechte Hand, rechtes Knie – linke Hand, linkes Knie – rechte Hand, und so weiter, jeder in seinem Rhythmus. Die Übung können Sie übrigens auch im Sitzen machen.

Überkreuzbewegungen aktivieren beide Gehirnhälften gleichzeitig. Sie bringen so Ihr Gehirn dazu, seine visuellen, auditiven und kinästhetischen Fähigkeiten aufeinander abzustimmen. Unser Zuhören, Lesen, Schreiben und Erinnern werden somit verbessert.

Sie denken jetzt: So leicht geht das? Das Ganze lässt sich aber auch noch verschärfen. Machen Sie doch einmal die folgende Übung.

Liegende Acht
Legen Sie die Hände zusammen und strecken Sie Ihre Arme vor der Brust aus. Fangen Sie links oben an und zeichnen Sie von dort aus mit Ihren gefalteten Händen eine liegende Acht in

die Luft. Machen Sie das so, als würden Sie diese Acht auf ein großes Blatt Papier vor sich zeichnen wollen. Achten Sie darauf, dass der Schnittpunkt der Acht direkt vor Ihrem Körper liegt – mit ausgestreckten Armen versteht sich. Wiederholen Sie das so lange, bis Sie in den Schultern eine leichte Spannung spüren.

Was für die klassische Überkreuzübung gilt, das gilt auch hier. Zusätzlich werden die Konzentration beim Schreiben und der Schreibfluss verbessert. Und noch ein weiterer Effekt tritt ein: Die großen Muskeln der Arme, der Schultern und der Brust werden aktiviert.

Die Denkmütze
Ich bezeichne diese Übung als Ohrenmassage; im Brain-Gym® wird sie Denkmütze genannt.

- Nehmen Sie Ihr Ohrläppchen zwischen Daumen und Zeigefinger und massieren Sie es kräftig durch. Falls Sie Ohrringe tragen, passen Sie auf, dass Sie sich nicht wehtun. Nehmen Sie den Schmuck am besten ab.
- Wenn Sie das Ohrläppchen fertig massiert haben, dann massieren Sie langsam die Außenkante Ihres Ohres nach oben – bin hin zum »Schpokki-Spitzle« – benannt nach dem welt(all) berühmten Mr. Spock vom Raumschiff Enterprise.
- Wenn Sie wollen, dann können Sie mit Massagebewegungen an der Außenkante Ihr Ohr ausfalten, es also nach hinten und seitwärts ziehen. Und wenn Sie damit fertig sind, dann gehen Sie zum inneren Bereich Ihres Ohres über. Massieren Sie diesen ebenfalls richtig kräftig durch.

Die Übung sollten Sie mindestens dreimal hintereinander machen.

Diese Ohrenmassage hilft, ablenkende Geräusche auszublenden, Sie sind danach aufmerksamer. Und wen wundert's: Gleichzeitig wird das Hörvermögen gesteigert. Zusätzlich wird das Kurzzeitgedächtnis damit trainiert und die Fähigkeit zum abstrakten Denken wird erhöht. Und Sie tun Ihrem ganzen Körper auch noch etwas Gutes: Denn Sie stimulieren dabei über 400 Akupunkturpunkte.

Gähnen und Ohrenmassage in Kombination

Erinnern Sie sich? Zu Beginn des Kapitels »Die Kommandozentrale der Aufmerksamkeit: das Gehirn« hatte ich Sie gebeten, mal so richtig kräftig zu gähnen.

Wenn ich mich so richtig konzentrieren möchte (oder muss), verbinde ich das Gähnen mit der Ohrenmassage aus dem Brain-Gym®. Sehr wirkungsvoll!

Den anderen stören

Für diese Übung brauchen Sie einen Partner. Nehmen Sie sich eine Aufgabe vor, bei der Sie sich konzentrieren müssen, zum Beispiel ein Buch lesen. Ihr Partner muss nun alles versuchen, um Sie davon abzulenken. Er darf Krach machen. Er darf Sie ansprechen. Er darf mit störenden Geräuschen oder Gerüchen arbeiten. Er darf Sie aber nicht anfassen oder Ihnen die Arbeit unmöglich machen, zum Beispiel, indem er das Licht ausschaltet.

Probieren Sie zunächst, sich für volle 2 Minuten auf Ihre Aufgabe zu konzentrieren. Wechseln Sie dann die Rollen.

Machen Sie sich anschließend ein paar Notizen: Was hat Sie besonders gestört? Wenn Sie das herausgefunden haben, dann trainieren Sie Ihre Konzentration, indem Sie eine neue Aufgabe unter ähnlichen oder genau diesen »Stör-Bedingungen« erledigen.

Jonglieren

Jonglieren kann man durchaus als »Wunderwaffe« bezeichnen. Es fördert die grauen Gehirnzellen, die Konzentrationsfähigkeit, die Reaktionsschnelligkeit, das räumliche Vorstellungsvermögen, das Rhythmus- und Gleichgewichtsgefühl und schult die sensorischen Fähigkeiten. Durch die gleichmäßige Beanspruchung der Muskeln und des Bewegungsapparats werden Beweglichkeit und Ausdauer erhöht. Und es macht Spaß!

Das Jonglieren ist hervorragend für aktive Pausen geeignet. Es kann ganzjährig und fast überall ausgeübt werden. Schon wenige Minuten reichen aus und Sie haben eine erholsame und aktivierende Pause gestaltet.

Das Jonglieren ist relativ leicht erlernbar. Im Internet gibt es viele Tutorials dazu, so beispielsweise via YouTube. Überfordern Sie sich nicht; es geht nicht darum, zum Jonglier-Profi zu werden. Sie müssen ja auch nicht im Zirkus anheuern. In der Regel fängt man nicht mit brennenden Fackeln, sondern mit sogenannten Jongliertüchern an.

Achtsamkeitsübungen

Wer seine Achtsamkeit schult, trainiert gleichzeitig seine Konzentrationsfähigkeit. Es gibt unzählige Achtsamkeitsübungen. Ich habe Ihnen hier ein paar besonders leicht auszuführende und wirksame Trainingseinheiten für Ihre Achtsamkeit zusammengestellt.

Achten Sie auf Ihre Gedanken

Gedanken haben eine enorme Macht. Ständig reflektieren wir unser Verhalten, analysieren uns, kritisieren uns, loben uns, schmieden Pläne. Dieser innere Dialog prägt unser Handeln und unsere Gefühle zu 95 Prozent. Denken wir, dass wir schlecht im Konzentrieren sind, dann glauben wir das auch irgendwann, obwohl es in Wirklichkeit gar nicht so ist.

Reagieren Sie, sobald ein negativer Gedanke in dieser Hinsicht aufkommt: Sagen Sie laut Stopp und formulieren Sie für sich dann sofort einen positiven Satz.

Schon der Talmud wusste:

> »Achte auf deine Gedanken, denn sie werden Worte.
> Achte auf deine Worte, denn sie werden Handlungen.
> Achte auf deine Handlungen, denn sie werden Gewohnheiten.
> Achte auf deine Gewohnheiten, denn sie werden dein Charakter.«

Achten Sie also auf Ihre Gedanken. Und denken Sie positiv: Sie schaffen das!

Umfeld mit allen Sinnen wahrnehmen

Wenn das Wetter es zulässt, empfehle ich meinen Seminarteilnehmern gerne Folgendes: Gehen Sie für eine halbe Stunde nach draußen – ganz allein. Reden Sie nicht, essen Sie nicht, trinken Sie nicht. Setzen Sie sich auf eine Bank oder auf eine Wiese. Schauen Sie sich um. Was sehen Sie? Hören Sie genau hin. Welche Geräusche nehmen Sie wahr? Was spüren Sie? Was riechen Sie? Nehmen Sie Ihr Umfeld mit allen Sinnen wahr.

Nach diesem Experiment kommen viele der Teilnehmer mit feuchten Augen und tief bewegt wieder in den Seminarraum und erzählen über ihre meist sehr intensiven Erlebnisse, beispielsweise, dass sie noch nie das Gras einer Wiese oder das Blatt eines Baumes so genau betrachtet haben, und wie wunderschön das sei. Viele berichten, sie hätten noch nie so bewusst auf die Töne und Geräusche geachtet, und seien ganz überrascht, was man alles hören könne. Auch die aufmerksame Wahrnehmung des Fühlens sei überwältigend: die Sonne, der Wind, der Boden unter den Füßen, der Pulsschlag, die Atmung.

Ich kann Ihnen wirklich empfehlen, ab und zu mal eine solche Pause einzulegen.

Atembeobachtung

Setzen Sie sich in eine aufrechte Position. Stellen Sie sich vor, ein Faden zieht Ihren Kopf am Scheitel nach oben. Schließen Sie die Augen und lenken Sie Ihre Aufmerksamkeit auf die Bewegung Ihrer Bauchdecke. Nehmen Sie wahr, wie sie sich beim Einatmen hebt und beim Ausatmen senkt. Wenn Sie den Fokus so nicht halten können, zählen Sie Ihre Atemzüge bis 10 mit, um dann wieder bei 1 zu beginnen. Wenn Sie unkonzentriert bei 11 oder mehr landen, fangen Sie einfach wieder von vorne an.

Ist Ihr Gehirn mit dem Zählen beschäftigt, fällt es Ihnen leichter auf, wenn Sie abschweifen.

5 bis 10 Minuten reichen für Anfänger, wer will, darf natürlich auch länger.

Mit Achtsamkeit in den Tag starten

Nicht selten beginnt unser Tag bereits mit Hektik: beim letzten Weckerklingeln raus, kurze Morgentoilette, rasches Frühstück, zum Bus rennen, schnell, schnell, schnell ... Die aus dem Morgen mitgenommene Rastlosigkeit zieht sich dann häufig durch den gesamten Arbeitstag. Das ist keine gute Basis für mehr Achtsamkeit im Alltag.

Machen Sie es anders. Diese Übung hilft Ihnen dabei:

Stellen Sie sich den Wecker am Abend so, dass Sie morgens noch genug Zeit haben, eine Viertelstunde im Bett liegen zu bleiben. Wenn Sie am Morgen erwachen, öffnen Sie die Augen und setzen Sie sich im Bett aufrecht hin. Durch diese Haltung schlafen Sie nicht gleich wieder ein. Atmen Sie einige Male tief ein und aus. Lassen Sie dann die Gedanken kommen und gehen, ohne einen davon festzuhalten. Spüren Sie Ihren Körper. Was fühlen Sie in welchem Bereich? Ohne zu werten: Wie ist Ihre Stimmung? Strecken und recken Sie sich nach 5 bis 10 Minuten. Jetzt kann der Tag beginnen.

Ich selbst verbinde seit vielen Jahren diese Übung mit einem Ritual. Ich sage mir, während ich so in mich hineinspüre: »Der Tag, der vor mir liegt, ist einzigartig. Er ist etwas ganz Besonderes. Und dieser Tag kommt nicht mehr wieder. Wenn ich am Abend zu Bett gehe, dann ist dieser Tag unwiederbringlich vorbei. Deshalb soll dieser Tag Gutes, Erfolg und Glück bringen.«

Die Glücksbohnen-Übung

Manchmal ist man sich gar nicht bewusst, wie viele wunderbare Momente ein Tag bringt. Normalerweise gehen wir achtlos an den kleinen und feinen positiven Dingen des Tages vorbei; wir übersehen sie in der Hektik des Alltags. Machen Sie es wie die Frau aus der Geschichte mit den Glücksbohnen, um sich dies vor Augen zu führen und Ihre Aufmerksamkeit auf das Positive in Ihrem Leben zu lenken:

Eine Frau steckte sich jeden Morgen eine Handvoll Bohnen in ihre linke Hosentasche. Immer dann, wenn sie während des Tages etwas Schönes erlebt hatte, wenn ihr etwas Freude bereitet oder sie einen glücklichen Moment empfunden hatte, nahm sie eine Bohne aus der linken Hosentasche und steckte sie in die rechte. Der Duft des frischen Morgens, der Gesang der Amsel auf dem Dachfirst, das Lachen eines Kindes, das nette Gespräch mit einem Nachbarn, das Lob des Chefs, der wunderbare lächelnde Blick eines Menschen – immer wieder wanderte eine Bohne von der linken in die rechte Tasche. Bevor sie am Abend zu Bett ging, zählte sie die Bohnen in ihrer rechten Tasche. Und bei jeder Bohne konnte sie sich an das positive Erlebnis erinnern. Zufrieden und glücklich schlief sie ein – auch wenn sie nur eine Bohne in ihrer rechten Hosentasche hatte.

Die kleine Ruhepause

Diese Übung steigert die Achtsamkeit. Sie trainieren damit, Ihre Aufmerksamkeit auf das Hier und Jetzt zu richten. Machen Sie diese Übung zum Ritual. Sie können sie immer wieder zwischendurch machen und werden bald feststellen: Mit jedem Mal gelingt es Ihnen leichter.

Legen Sie einen kleinen Gegenstand, zum Beispiel einen Stift, ein Geldstück oder eine Büroklammer vor sich auf den Tisch. Konzentrieren Sie sich für 3 Minuten nur auf diese eine Sache. Jedes Mal, wenn Ihre Aufmerksamkeit zu etwas anderem abschweift, führen Sie sie ganz behutsam wieder zum Gegenstand zurück.

Im Grunde kommt diese Übung bereits einer Meditation gleich. Sie können damit lernen, Ihre Aufmerksamkeit zu fokussieren und sich völlig auf eine Sache zu konzentrieren. Je öfter Sie sie wiederholen, desto leichter wird sie Ihnen mit der Zeit fallen, und desto länger gelingt es Ihnen, sich auf das Objekt zu konzentrieren.

Entspannungsübungen

Konzentration bedeutet Anspannung. Damit sich Ihr Geist nach einer Phase der Anspannung wieder regeneriert, braucht er Entspannung. Mit den folgenden Übungen gelingt das wohlverdiente Relaxen.

Schlafen Sie gut

Die wohl wichtigste Entspannungsübung von allen schaffen Sie im wahrsten Sinne des Wortes im Schlaf. Sie besteht nur aus einer Regel: Schlafen Sie ausreichend!

Ein guter Schlaf regeneriert Körper und Geist. Er verbessert nicht nur das Erinnerungsvermögen, sondern hilft Ihnen auch dabei, neue Lösungsstrategien zu finden. Und Sie können sich danach wieder besser auf Ihre Aufgaben konzentrieren.

Schlafmediziner empfehlen sieben bis acht Stunden Schlaf, nicht mehr und nicht weniger. Mit diesem Schlafpensum fühle man sich am wohlsten und das sei ihrer Meinung nach am gesündesten.

Autogenes Training

Autogenes Training wurde vom Psychotherapeuten Professor J. H. Schultz in den 1930er-Jahren entwickelt. Diese Entspannungsmethode ist so einfach, dass Kinder sie ungefähr ab dem achten Lebensjahr erlernen können. Ziel des Trainings ist es, mittels selbsthypnotischer Formeln auf körperliche Prozesse Einfluss zu nehmen.

Autogenes Training funktioniert so: Setzen oder legen Sie sich bequem hin, am besten in einem ruhigen Raum. Wenden Sie nun Ihre Aufmerksamkeit ganz Ihrem Körper zu und beginnen Sie mit den Selbstsuggestionen. Das läuft immer nach dem gleichen Schema ab. Sagen Sie zu sich selbst (laut oder leise):

- 2 x »Ich bin vollkommen ruhig und gelassen.«
- 6 x »Meine Arme und Beine sind ganz schwer.«
- 1 x »Ich bin vollkommen ruhig und gelassen.«
- 6 x »Meine Arme und Beine sind ganz warm.«
- 1 x »Ich bin vollkommen ruhig und gelassen.«
- 6 x »Mein Herz schlägt ruhig und kräftig.«
- 1 x »Ich bin vollkommen ruhig und gelassen.«
- 6 x »Mein Atem fließt ruhig und gleichmäßig.«
- 1 x »Ich bin vollkommen ruhig und gelassen.«
- 6 x »Mein Sonnengeflecht (das ist das Nervensystem Solarplexus im Bauchraum knapp unterhalb des Bauchnabels) ist strömend warm.« Alternativ: »Mein Leib (oder Bauch) wird strömend warm.«
- 1 x »Ich bin vollkommen ruhig und gelassen.«
- 6 x »Mein Kopf ist frisch und klar.«
- 1 x »Ich bin vollkommen ruhig und gelassen.«

Autogenes Training entspannt körperlich, beruhigt den Kreislauf, steigert die Konzentrationsfähigkeit und schafft einen klaren Kopf. Die Konzentration auf einzelne Körperbereiche beeinflusst das vegetative Nervensystem positiv. Das allgemeine Erregungsniveau sinkt. Sie werden weniger reizbar und können gelassener auch schwierige Situationen meistern.

Um Autogenes Training zu lernen, brauchen Sie ein wenig Zeit. Viele Krankenkassen, zum Beispiel die AOK, Barmer oder Techniker Krankenkasse, bieten Kurse zu Autogenem Training an. Es gibt auch CDs, die die Autosuggestionen enthalten.

Yoga

Yoga ist eine uralte Meditationslehre aus Indien. Es hilft, Körper, Geist und Seele ins Gleichgewicht zu bringen. Am bekanntesten ist das Hatha Yoga, das auf Körper- und Atemübungen basiert. Der Körper wird besser durchblutet und der Kreislauf stabilisiert, was die Konzentration verbessert.

Bundesweit gibt es exzellente Yogaschulen, wo Sie jederzeit einsteigen können. Volkshochschulen bieten Yogakurse meist sehr preiswert an.

Hier zum ersten Start ein paar einfache und wirksame Übungen.

Löst Blockaden: Talasana
Diese Übung öffnet den Brustkorb und massiert die Wirbelsäule, wodurch sich die Haltung verbessert. Das löst Blockaden und ermöglicht freieres Denken.

Stellen Sie sich aufrecht hin. Die Füße sind schulterbreit auseinander. Der Oberkörper ist leicht nach vorne geneigt. Atmen Sie tief ein. Mit dem Einatmen strecken Sie sich nach oben und legen Ihre Arme über dem Kopf aneinander. Strecken Sie sich weit nach oben und stellen Sie sich auf die Zehenspitzen. Halten Sie diese Position ein paar Sekunden. Kommen Sie beim Ausatmen ganz langsam in die Ausgangsposition zurück.

Verlassen Sie langsam die Position wieder und wiederholen Sie die Übung mit dem anderen Bein.

Gehirn-Booster
Diese Übung ist ein richtiger Booster für das Gehirn.

Setzen Sie sich entspannt in einer bequemen Haltung an einen ruhigen und gut belüfteten Ort.

- Atmen Sie tief ein. Atmen Sie dann durch das linke Nasenloch vollständig aus, während Sie mit dem rechten Daumen das rechte Nasenloch zuhalten.
- Am Ende des Ausatmens schließen Sie das linke Nasenloch mit dem linken Daumen, öffnen das rechte Nasenloch langsam und atmen tief ein.
- Dann schließen Sie das rechte Nasenloch wieder mit dem rechten Daumen und atmen durch das linke Nasenloch aus.
- Atmen Sie wieder ein, verschließen Sie das linke Nasenloch und atmen Sie durch das rechte wieder aus.

Wiederholen Sie dies dreimal rechts und dreimal links.

Atmen Sie langsam, kontrolliert, anstrengungsfrei und nicht ruckartig aus. Das Ein- und Ausatmen sollten von gleicher Dauer sein.

Führen Sie diese Übung am besten morgens und abends durch.

Nutzen Sie Ihr mentales Bilderbuch

Wenn Sie gerade mal einen Durchhänger haben oder nach einem anstrengenden Tag müde und erschöpft sind, können Sie sich mit einer ganz einfachen Übung selbst eine Freude machen.

Setzen Sie sich dazu entspannt auf Ihr Sofa oder in einen Sessel und atmen Sie einige Male tief durch. Lassen Sie nun in Ihrer Vorstellung Bilder von schönen Erlebnissen gleichsam wie Dias oder eine Slideshow aufblenden. Sie können sich auf diese Weise Glücksmomente jeder Art zurückholen und sich so eine Portion Zufriedenheit verschaffen.

Fingerpuls fühlen

Das »Fingerpuls-Fühlen« ist eine sehr einfache und hilfreiche Übung, die die Achtsamkeit fördert, gleichzeitig Entspannung bringt und obendrein noch Ihr Körperbewusstsein verbessert.

Legen Sie die Finger beider Hände aneinander: Daumen auf Daumen, Zeigefinger auf Zeigefinger etc. Schließen Sie am Anfang kurz die Augen und versuchen Sie den dabei auftretenden Druck auf den Fingerkuppen so lange zu variieren, bis Sie an den Kontaktpunkten Ihren Puls fühlen.

Bleiben Sie kurz in dieser Stellung und beginnen Sie ganz ruhig und gleichmäßig zu atmen. Atmen Sie tief ein und noch tiefer wieder aus. Sie werden bemerken, dass Sie den Pulsschlag an den Fingerkuppen immer deutlicher und stärker fühlen.

Beginnen Sie nun, Ihren Puls zu zählen, immer von 1 bis 10. Sind Sie bei der Zahl 10 angelangt, beginnen Sie wieder bei 1, auch dann, wenn Ihre Gedanken abschweifen. Die Anzahl der Pulsschläge ist dabei nicht wichtig, sondern nur die Fokussierung auf Ihren Puls.

Mit dieser Übung lenken Sie nicht nur die Konzentration in Ihren Körper, sondern Sie profitieren von folgenden Begleiterscheinungen: Spannungen lösen sich auf, die Blutgefäße erweitern sich, die Hände werden wärmer, der Puls verlangsamt sich, Unruhe reduziert sich und Ihr Körperbewusstsein wächst.

Ich habe ja die Theorie, dass Frau Dr. Angela Merkel zu Beginn ihrer Amtszeit als Kanzlerin von einem Coach den Rat bekommen hat, sich mit dem Fingerpuls-Fühlen besser auf das, was kommt, zu konzentrieren und ihre Aufregung in den Griff zu bekommen. Vielleicht ist ja so die berühmte »Merkel-Raute« entstanden?

Progressive Muskelentspannung nach Jacobson

Um aktiv zu entspannen, ist die Muskulatur für viele Menschen der günstigste Ansatzpunkt. Wer längere Zeit regelmäßig die sogenannte Progressive Muskelentspannung übt, entwickelt zunehmend Ruhe, Gelassenheit und gewinnt an Konzentration. In der Forschung hat sich gezeigt, dass die Progressive Muskelrelaxation (kurz: PMR), wie diese Methode auch genannt wird, körperliche Unruhe, Nervosität und Angst reduziert.

Das Grundprinzip der Progressiven Muskelentspannung, das der US-amerikanische Arzt Edmund Jacobson im Jahr 1929 erstmals veröffentlichte, ist einfach:

- Man konzentriert sich auf eine bestimmte Muskelgruppe.
- Die Muskeln dieser Gruppe werden allesamt angespannt. Die Spannung wird für 5 bis 7 Sekunden gehalten.
- Dann wird die Muskelgruppe wieder entspannt, für ca. 20 bis 30 Sekunden, bevor die Anspannung von Neuem beginnt.

In der Regel werden die 640 Muskeln in unserem Körper in 16 Muskelgruppen zusammengefasst.

PMR-Langversion
Die lange Version der PMR dauert etwa 40 Minuten.

Muskelgruppen	Jeweils ca. 5 bis 7 Sekunden anspannen:
Dominante Hand und Unterarm	Hand zur Faust ballen
Dominanter Oberarm	An Lehne drücken oder Unterarm anwinkeln
Nicht-dominante Hand und Unterarm	Hand zur Faust ballen
Nicht-dominanter Oberarm	An Lehne drücken oder Unterarm anwinkeln
Stirn	Augenbrauen hochziehen, Stirn runzeln
Obere Wangenpartie und Nase	Augen fest schließen, Nase hochziehen

Muskelgruppen	Jeweils ca. 5 bis 7 Sekunden anspannen:
Untere Wangenpartie und Kiefer	Zähne zusammenbeißen, Mundwinkel zurückziehen
Nacken und Hals	Kinn auf die Brust pressen oder Nacken gegen Stuhl drücken
Brust, Schultern, obere Rückenpartie	Tief einatmen und Luft anhalten, Schulterblätter zusammenziehen oder Schultern hochziehen
Bauchmuskulatur	Fest anspannen, als ob Sie einen Schlag erwarten
Dominanter Oberschenkel	Bein leicht vom Boden anheben oder auf den Boden drücken
Dominanter Unterschenkel	Zehenspitzen gegen Boden pressen
Dominanter Fuß	Nach innen drehen und Zehen anziehen
Nicht-dominanter Oberschenkel	Bein leicht vom Boden anheben oder auf den Boden drücken
Nicht-dominanter Unterschenkel	Zehenspitzen gegen Boden pressen
Dominanter Fuß	Nach innen drehen und Zehen anziehen

PMR in Kurzform

Ich bevorzuge die Kurzversion. Denn sie kann man auch sehr gut im Büro oder mal zwischendurch machen. Stellen Sie sich dazu locker und aufrecht hin. Die Beine haben einen stabilen Stand und stehen hüftbreit auseinander.

- Arme: Ballen Sie beide Hände zu Fäusten und winkeln Sie die Ellenbogen an. Spannen Sie nun alle Muskeln in Ihrem Arm und den Händen fest an. Noch fester. Halten Sie diese Spannung und zählen Sie bis 7. Lassen Sie los und entspannen Sie

20 bis 30 Sekunden. Achten Sie darauf, wie es sich anfühlt, wenn aus den Armen und Händen alle Spannung ausfließt.

- Kopf: Ziehen Sie die Augenbrauen zusammen, rümpfen Sie die Nase, pressen Sie Zähne und Lippen aufeinander, ziehen Sie den Kopf leicht ein und drücken Sie ihn nach hinten. Halten Sie die Spannung jetzt 7 Sekunden. Lassen Sie los und entspannen Sie 20 bis 30 Sekunden. Die Zähne berühren sich jetzt nicht mehr, die Zunge liegt ganz locker im Mundraum. Wie fühlt es sich an, wenn aus dem Gesicht die ganze Spannung ausfließt?

- Rumpf: Drücken Sie die Schulterblätter nach hinten zusammen, gehen Sie leicht ins Hohlkreuz und lassen Sie die Bauchdecke hart werden, so als würden Sie an Ihrem Sixpack arbeiten. Halten Sie die Spannung für 7 Sekunden. Lassen Sie dann los und spüren Sie der entspannenden Wirkung 20 bis 30 Sekunden nach.

- Beine: Drücken Sie beide Fersen auf den Boden, richten Sie die Zehenspitzen auf. Spannen Sie dabei Unterschenkel, Oberschenkel und Gesäßmuskeln an. Halten Sie die Spannung 7 Sekunden und genießen Sie dann für 20 bis 30 Sekunden die Entspannung.

Fertig!

Raus aus der Gedankenspirale: Übungen

Den Kopf freipusten lassen

Wenn Sie sich mal wieder so gar nicht auf Ihre Aufgaben konzentrieren können, weil Sie sich Sorgen machen oder zu viele ablenkende Gedanken im Kopf kreisen, dann hilft Ihnen vielleicht diese Übung:

Stellen Sie sich vor Ihrem geistigen Auge vor, wie Sie auf einem hohen Berg oder auf einer Klippe am Meer stehen und dort ein kräftiger Wind Ihnen allen Gedankenballast aus dem Kopf pustet. Stellen Sie sich das so real wie möglich vor. Spüren Sie, wie der Wind an Ihren Haaren reißt, wie seine Kraft Ihren Körper hin und her bewegt, wie er schließlich die störenden Gedanken aus Ihrem Kopf bläst und mit sich fort nimmt.

Befreit vom Gedankenballast können Sie dann aus dieser kleinen Mentalreise wieder zurückkehren und konzentriert weiterarbeiten.

Kleine Fantasiereise für zwischendurch

Nehmen Sie sich ein paar Minuten Zeit und setzen Sie sich bequem hin. Schließen Sie die Augen. Atmen Sie einige Male tief ein und noch tiefer wieder aus. Stellen Sie sich nun vor, dass Sie weit hinab in türkisblaues Wasser tauchen. Keine Sorge! Sie können unter Wasser atmen und sich dort ganz frei und elegant bewegen.

Tauchen Sie hinunter. Begegnen Sie bunten Fischen und staunen Sie über die Lichtspiele der Sonne im Wasser. Genießen Sie es, Ihren Körper im wohlig warmen Wasser ganz entspannt und voller Leichtigkeit zu bewegen.

Kehren Sie dann munter und ganz erfrischt von Ihrer Fantasiereise ins Hier und Jetzt zurück.

Neue Energie: Aktivierungsübungen

Thymusdrüse aktivieren

Die Thymusdrüse befindet sich hinter dem Brustbein. Sie gilt als Sitz der Lebensenergie, denn sie ist quasi unsere körperliche Abwehr-, Entgiftungs- und Wachstumszentrale. Zudem unterstützt sie das Immunsystem und entscheidet maßgeblich über unser Wohlbefinden.

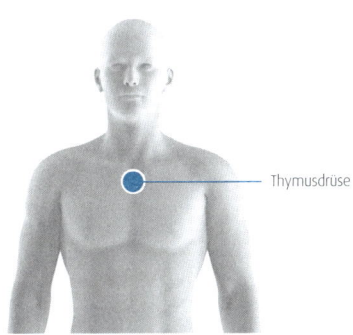

Lage der Thymusdrüse (Foto: zuzazuz/Adobe Stock)

Klopfen Sie entweder mit den Fingern einer Hand oder mit beiden Händen mindestens 20 Mal auf die Stelle, die etwa 10 Zentimeter über dem Brustbein liegt. Sie können auch mit der Faust klopfen. Aber bitte nicht wie King Kong, sondern ganz sanft.

Durch das Klopfen wird die Thymusdrüse aktiviert und Sie bekommen wieder frische Energie. Sie können auch Thymusdrüsen-Extrakt einnehmen, aber das ist meines Erachtens nicht erforderlich, wenn Sie diese Übung regelmäßig machen.

Luftzeichnung – Zahlen in die Luft malen

Diese Übung steigert kurzfristig die Konzentrationsfähigkeit und bringt frischen Wind ins Gehirn. Sie aktivieren damit beide Gehirnhälften. Schreiben Sie die Zahlen 1 bis 10 der Reihe nach mit einer Hand in die Luft. Die Zahlen dürfen ganz groß sein. Ihre Bewegungen können dabei weit und ausladend sein.

Nun machen Sie das gleiche mit der anderen Hand.

Wenn Sie damit fertig sind, nehmen Sie beide Hände gleichzeitig: Die rechte Hand malt die Zahlen in üblicher Weise in die Luft, die linke Hand zeichnet sie spiegelverkehrt.

Zum Abschluss der Übung kann noch ein anderer Zahlencode, beispielsweise die eigene Handynummer, in die Luft geschrieben werden. Verfahren Sie hier genauso wie im ersten Durchlauf: wieder abwechselnd mit der linken und rechten Hand und zum Schluss dann noch mit beiden Händen.

Stichwortverzeichnis

Ablenkbarkeit 10
Achtsamkeitstraining 24
Affektregulation 12
Affirmationsarbeit 39
Antreibersatz 40
Aufschieberitis 44
Autogenes Training 113

Body-Scan 29

Dopamin 19

Eisenhower-Prinzip 43
Eisenmangel 76
Ernährung, konzentrationsfördernde 74

Feng-Shui 67
Filtersystem Gehirn 16
Flowerlebnis 19

Gedanken-Notizbuch 30
Ginkgo-Extrakt 81
Glaubenssatz 35
Glucose 75

Homeoffice 66
Hypnose 93

Impulskontrolle 11

Koffein 83
Kompetenz, unbewusste 28
Konzentrationskiller 50

Leistungskurve 60
Life Kinetik 95

Mikronährstoffpräparat 84
Modafinil 86
Motivation, Arten 31
Multitasking, Definition 48

Perfektionismus 35
Priorisierung 42
Progressive Muskelentspannung 118

Rhodiola 82

Sägeblatteffekt 53
Smart Pill 87
Social Media 56
Stoppschild-Übung 29
Störzeitenanalyse 55
Synapse 18

Thymusdrüse 123

Versagensangst 34

Walt-Disney-Strategie 67
wingwave 70

Yoga 115

Impressum

Bibliografische Information der Deutschen Nationalbibliothek
Die Deutsche Nationalbibliothek verzeichnet diese Publikation in der Deutschen Nationalbibliografie; detaillierte bibliografische Daten sind im Internet über http://www.dnb.dnb.de abrufbar.

Print:	ISBN: 978-3-648-12104-7	Bestell-Nr.: 10751-0001
ePub:	ISBN: 978-3-648-12115-3	Bestell-Nr.: 10751-0100
ePDF:	ISBN: 978-3-648-12116-0	Bestell-Nr.: 10751-0150

Gabriele Mühlbauer
**Besser konzentrieren –
Fokussiert arbeiten in Zeiten von Smartphone und Großraumbüro**
1. Auflage 2018

© 2018, Haufe-Lexware GmbH & Co. KG, Munzinger Straße 9, 79111 Freiburg
Redaktionsanschrift: Fraunhoferstraße 5, 82152 Planegg/München
Telefon: (089) 895 17-0
Telefax: (089) 895 17-290
Internet: www.haufe.de
E-Mail: online@haufe.de
Redaktion: Jürgen Fischer

Konzeption, Realisation und Lektorat: Nicole Jähnichen, www.textundwerk.de
Umschlagentwurf: RED GmbH, Krailling
Umschlaggestaltung: Kienle gestaltet, Stuttgart
Satz: Reemers Publishing Services GmbH, Krefeld

Memory ist eine eingetragene Marke der Ravensburger AG. Brain-Gym ist eine eingetragene Marke der Educational Kinesiology Foundation. Wingwave ist ein geschütztes Verfahren zugunsten Cora Besser-Siegmund.

Alle Angaben/Daten nach bestem Wissen, jedoch ohne Gewähr für Vollständigkeit und Richtigkeit. Alle Rechte, auch die des auszugsweisen Nachdrucks, der fotomechanischen Wiedergabe (einschließlich Mikrokopie) sowie der Auswertung durch Datenbanken oder ähnliche Einrichtungen, vorbehalten.

Die Autorin

Gabriele Mühlbauer

ist Inhaberin von köhler consulting in Augsburg. Seit 1990 sorgt sie als Trainerin, Coach und Mediatorin dafür, dass Menschen in schwierigen Situationen das richtige Standing haben und mit Problemstellungen gut umgehen können. Gabriele Mühlbauer ist Expertin für Mentaltraining, Kommunikation und Konfliktmanagement und unterstützt deutschlandweit Mitarbeiter, Führungskräfte und Manager in Veränderungsprozessen.

Bisher von Gabriele Mühlbauer erschienen:

Hypnose No 1: Ziele erreichen und Selbstvertrauen stärken, ISBN 978-3-86856-685-5 (Audio-CD)

Entscheidungsfibel: Methodenüberblick zur Entscheidungsfindung, ISBN 978-3-86858-694-7 (Taschenbuch)

Mentales Training! Erfolge und Siege beginnen im Kopf, ISBN 978-3-95471-174-1 (Hörbuch)

Sozialkompetenz! Kommunikation und Beziehungen neu gestalten, ISBN 978-95471-292-2 (Hörbuch)

Danke

Danke an Florian Schimmitat, Xaver Steiner, Dr. Wilfried P. Bieger und Dr. Annemarie Neuner für die wertvollen Infos.

Wissen to go!

TaschenGuides.
Schneller schlauer.

Kompetent, praktisch und unschlagbar günstig.
Mit den TaschenGuides erhalten Sie
kompaktes Wissen, das Sie überall begleitet –
im Beruf und im Alltag.

Mehr Informationen zu den TaschenGuides
finden Sie auf www.taschenguide.de

Jetzt bestellen!
www.haufe.de/shop (Bestellung versandkostenfrei)
oder in Ihrer Buchhandlung